SKYLINE

天 际 线

望远　知新

THE WILD
HANDBOOK

四季野趣

拥抱自然的110件小事

[英]埃米莉·托马斯　著

[英]詹姆斯·韦斯顿·刘易斯　绘

王西敏　欧阳红　译

译林出版社

图书在版编目（CIP）数据

　　四季野趣：拥抱自然的110件小事 ／（英）埃米莉·
托马斯（Emily Thomas）著；（英）詹姆斯·韦斯顿·刘
易斯（James Weston Lewis）绘；王西敏，欧阳红译.
南京：译林出版社，2024. 11. --（"天际线"丛书）.
ISBN 978-7-5753-0283-8

　　Ⅰ．P193-49

　　中国国家版本馆CIP数据核字第202404LE60号

The Wild Handbook
First published in 2022 by Emily Thomas
Illustration copyright © 2022 by James Weston Lewis
Text and design copyright © 2022 by Studio Press
本作品简体中文专有出版权经由Chapter Three Culture独家授权。
Simplified Chinese edition copyright © 2024 by Yilin Press, Ltd
All rights reserved.

著作权合同登记号　图字：10-2022-462号

四季野趣：拥抱自然的110件小事　　[英国] 埃米莉·托马斯 ／ 著
　　　　　　　　　　　　　　　　[英国] 詹姆斯·韦斯顿·刘易斯 ／ 绘　王西敏　欧阳红 ／ 译

责任编辑　杨雅婷
装帧设计　韦　枫
校　　对　王　敏
责任印制　董　虎

原文出版　Studio Press, 2021
出版发行　译林出版社
地　　址　南京市湖南路 1 号 A 楼
邮　　箱　yilin@yilin.com
网　　址　www.yilin.com
市场热线　025-86633278
排　　版　南京展望文化发展有限公司
印　　刷　南京爱德印刷有限公司
开　　本　889 毫米 ×1194 毫米 1/16
印　　张　10.25
插　　页　4
版　　次　2024 年 11 月第 1 版
印　　次　2024 年 11 月第 1 次印刷
书　　号　ISBN 978-7-5753-0283-8
定　　价　79.00 元

CONTENTS
目　录

前　言

　　新冠肺炎疫情大流行几个月后，《四季野趣》这本书开始成形。对我们许多人来说，这是一个发生重大变化的时刻——我们发现自己一天中大部分时间都被限制在家里，只允许外出购物和有限的日常锻炼。我们不能在咖啡馆、酒吧或餐馆与朋友见面，必须与任何不住在一起的人保持距离。

　　但是，在所有这些不确定性中，有一样事物保持不变——自然世界。花园、公园、林地、河流、湖泊和大海都还在那里供我们欣赏。随着时间的推移，许多人意识到现代生活的压力是如何逐渐将我们从自然世界中拉出来的，我们开始寻找与自然重新建立联结的小方法。我们从新的角度欣赏自然世界的美丽和治愈的力量，在鸟类清晨的合唱、蜜蜂授粉时的嗡嗡声，以及户外用餐的简单乐趣中，感到安慰。

　　我们创作了《四季野趣》这本书，帮助你与大自然重新联结，并在此过程中改善身心健康。这是一本你可以在心情好的时候翻阅，或者一口气读完的书。本书按季节编排，无论你住在哪里、收入多少、身体状况如何，都有适合每个人的活动创意。从用天然装饰物和精油装扮你的家，学会在窗台上种植香草和蔬菜，花一个下午的时间进行"森林浴"，到月光浴，在暴风雪中行走和野泳，你会发现很多适合你生活方式的点子。

　　希望这本书帮助你过上最好的生活，与自然世界和谐相处。

春　季

赤足健行

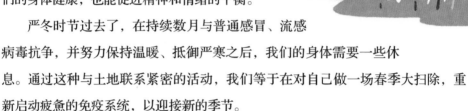

赤足健行，或叫"赤脚治疗"，真的管用！这是一个有益健康的不折不扣的好方法，也是自然探索的一个很好的开始。赤足越来越多地得到科学证据的支持，它不仅有益于我们的身体健康，也能促进精神和情绪的平衡。

严冬时节过去了，在持续数月与普通感冒、流感病毒抗争，并努力保持温暖、抵御严寒之后，我们的身体需要一些休息。通过这种与土地联系紧密的活动，我们等于在对自己做一场春季大扫除，重新启动疲惫的免疫系统，以迎接新的季节。

当我们光着脚触地，让自然电荷重新平衡身上的原子电时，赤足健行就起作用了。就像抗氧化剂的功效一样，这对于我们的免疫系统抵御伤害和疾病非常重要。我们会因为各种原因失去电平衡：太多的剧烈运动、心血管疾病或问题、冬日过度睡眠、饮食不当、压力和焦虑，以及情绪创伤或痛苦等。所有这些生活或生活方式的挑战都会耗尽我们的天然电池，并需要我们重新充电。赤足健行治疗可以减轻疼痛和炎症，从内在唤醒我们。

如何让赤足健行取得最佳效果？

1. 找一个安静的室外空间，比如花园、公园或海滩。早点出发，以避开不必要的社交，但你要是愿意的话，可以带一个朋友。确保衣着舒适，穿上便于运动的袜子和鞋子。

2. 检查地面是否可以安全地赤脚行走。尽量选择草较短或沙子较密、平坦、光滑的地方，并且可以看到和避开潜在的危险，如玻璃、尖锐的岩石或石头，以及任何脏东西。

3. 脱下鞋袜，开始一些有趣的探索；试着赤脚在草地、沙地上跑步或散步。

4. 赤足着地，一只手放在头顶上。背部挺直站立 30 秒，注意脚上的刺痛感。试着清空头脑，专注于感受和体验。尝试让你的身体始终保持与土地的交流。

5. 像树一样站立。双脚平行，与肩同宽，保持背部挺直，然后将双手放在自然位置——两侧或腹部。关注你身体的重量，想象任何紧张情绪都正在离开你；想象它下沉到脚部并沉入地面，好像你的脚正在生根。可以保持这个姿势达 10 分钟。

6. 如果有可能的话，每周或每月都定期进行赤足健行练习。

打开窗户

漫长、寒冷、黑暗的冬天终于结束了。天亮得更早了，大自然也正在苏醒过来。当拥抱春天的时候，我们往往会有点迟钝和困倦，可能需要一段时间才能注意到外面的世界正在发生什么，但我们可以让一些外面的东西进入家里，以标志我们进入了这个最有希望和微妙的新季节。

1. 穿上毛衣，打开一扇窗户，确保能看到好景色，即使那只是头顶上隐约可见的一点树梢，或是公寓楼之间的空地。

2. 坐在或站在窗边，或者探出窗外（当然是在确保安全的情况下），让你的各种感官感受天气。让微风轻抚并唤醒皮肤。如果在下雨，那么就闭上眼睛倾听。雨水可以难以置信地使你平静下来，它深深地滋养着土壤；当你思考雨在自然界中的重要作用时，对雨不要产生任何负面联想，将精力集中在雨的声音上。

3. 若是有机会进入花园或户外空间，请注意草和花的颜色，以及能闻到的气味。观察正在变绿的叶子、草地上的露水，或者树上一些初绽的蓓蕾，然后仔细观察春天的花朵。

4. 即使附近没有花园或绿地，也有很多东西可以看。城市在春天也会很有趣：抬头看天空，你会看到鸟类；你也可以在地面上看到其他野生动物或偶然出现的狐狸。野生动物往往在清晨更容易看到。

5. 如果你是冥想爱好者，就在打开的窗户前练习。清空头脑中任何令你担忧或紧张的想法，专注于呼吸或自然的声音。

在开始新的一天之前，让春天抚慰你几分钟。

数字化排毒

我们热爱电子设备，它们是现代生活的宝贵工具，使我们的职业和社会生活更加轻松，并让我们能够快速获取重要信息。如果使用得当，社交媒体可以成为与朋友保持联系，了解时事和新闻的绝佳途径。它也提供了一个平台，让我们分享自己的感受和生活中发生的事情。它可以帮助我们感觉到更多的联结，避免孤独。但是，电子设备也很容易让我们以不断滑动和点击手机屏幕来代替现实生活中的活动。持续地在网上关注他人的言行或者他们的样子，会让我们产生不必要的竞争心理，从而出现疲惫感——我们甚至没有意识到这一点。过度沉迷于电子屏幕，会让我们感觉烦躁和嗜睡，并会削弱我们的个性——所有这些都是在吃早餐之前看手机导致的！大脑总是充斥着过多的图片和文字信息，到一天结束时，我们会感到疲惫、焦虑、视力模糊，并发现自己睡不好觉。是时候进行数字化排毒了。

1. 留出一些时间来删除手机上很少使用的应用程序，让屏幕保持整洁。这样一来，你就只会使用真正需要的服务了。

2. 除非绝对需要随时待命，否则定下规则，在睡觉前一个小时关掉手机或电子设备。理想情况下，把它放在卧室外面，这样你就无法够到它或者再打开它。早上吃完早餐之前，尽量不要开机。

3. 如果用手机查看工作邮件，那么确保在工作时间和整个周末都关闭来信提醒。这类提醒会让我们觉得无论在什么时候都必须立即回复电子邮件，其实并非如此！

4. 如果你是一个社交媒体爱好者，那么春天是放松或给自己闲暇时刻的好时机。制订一个使用推特（Twitter）、脸书（Facebook）和照片墙（Instagram）等社交平台的时间表。在一天之中总共留出一个小时使用它们。如果某个媒体应用程序经常让你感到沮丧，那么考虑暂时停用它。你的世界不会因为停止使用电子设备而崩溃；最有可能的是，你会感到更轻松、更平静、更精神、更警觉，并准备好回归到现实生活中。

对抗春困

我们总以为在春天就会感觉很好，因为阳光明媚，新的生命正在绽放；然而，我们也可能会感到疲倦、易怒，更容易头痛，还会有点沮丧。这种反直觉的反应被称为季节性情感障碍，这与我们的激素对自然的适应有关。在冬季的几个月里，我们会产生更多的褪黑素（即"睡眠激素"），但随着天亮得更早、白昼变得更长，这种激素会被另一种名为血清素的激素所覆盖，那是一种唤醒我们的激素。我们身体里的褪黑素慢慢转换为血清素，这种调节的过程会让我们嗜睡和易怒。好消息是，有一些方法可以对抗春季疲劳对身心的影响。以下是一些技巧。

1. 逐渐增加在户外的时间。如果你有一座花园，那么在户外喝点东西，在大自然中坐 20 分钟再开始工作。面朝天空，专注于呼吸、鸟鸣或野生动物发出的窸窣声。如果你没有户外空间，那就拿一只旅行杯或保温杯去散步。将手腕转向阳光，让娇嫩的皮肤充分合成维生素 D。

2. 某些富含碳水化合物的食物释放糖分的速度太快，会让我们昏昏欲睡，所以在开始新的一天时，早餐要选择缓慢释放碳水化合物的食物，比如燕麦粥，并选择蓝莓等抗氧化水果。挑选春季的时令水果和蔬菜，确保你的储备充足。再买点杏仁、腰果和巴西坚果，因为它们含有重要的维生素 E、铁、锌、硒和镁，以及膳食纤维。限制含糖丰富的食物，但偶尔可以犒劳一下自己，否则你只会更加想吃！全天保持身体水分充足。

3. 多锻炼。在当地的公园或附近的乡村散步——尽量选择丘陵而不是平地；去游泳、骑自行车、打羽毛球或网球；步行去购物，不要开车或坐公交车；爬楼梯，不要乘电梯。给自己设定一个每天运动半小时的目标，要知道所有的运动都是有益的。如果你觉得独自一人很难坚持，那就找个朋友一起锻炼。

在户外发挥创意

　　并不需要特殊的专业知识或技能，我们就可以利用大脑做些创意性的工作。还记得吗？当我们还是孩子的时候，用颜料和蜡笔，或者用笔和纸创作那些"小小的杰作"，是多么的快乐——我们很容易就沉浸在活动中而忘我。但随着年龄的增长，我们变得更加敏感，更加关注自己的创作水平，而不是创作行为带给我们的感受。很多成年人认为自己不会有什么好的创意，因此也就根本不想表现创造力了。

　　但我们忽略了一点：创意只是表达。无论是写下一些东西，演奏乐器，用黏土做一些东西，还是做一顿饭，只要是表达自我，都会对心灵有益。快乐就在这项任务中；一旦我们摆脱了束缚和追求完美的需求，有组织的创造力会带来幸福感，让我们感受到深刻的快乐。春天的色彩、景色和气味提供了极好的灵感。如果你喜欢素描，呃，你不需要昂贵的颜料或铅笔，就能创作出精彩的作品。无论是戴着贝雷帽，坐在宁静的河边画鸭子，还是拿着空白笔记本、钢笔或铅笔，在公园长椅上利用午餐时间写下一个故事的前几行，你都是在启动创造力基因，大自然则是灵感的源泉。

　　不要给自己施加压力，试图让自己过快地取得太多成就。坐下来观察周围的环境，试着清空头脑中功利或焦虑的想法，以及日常障碍。相反，关注你的感受。你对某件特别的事情感兴趣吗？慢慢开始，要么用铅笔画草图，要么记下你的想法。如果你热衷于创意写作，那就坐下来，让灵感在你的书的第一行出现。

　　不要消极评判你做的事。不要给自己打分，也不要在沮丧中丢掉取得的成果。如果头脑一片空白，那就顺其自然吧。对自己感到愤怒只会抵消努力的积极效果。允许自己暂停，把正在进行的事放在一边，等头脑清醒的时候再重新开始。

蓝色的力量

　　人们普遍认为，在长满蓝铃花的林中散步可以降低我们的皮质醇（压力激素）水平，并增强免疫系统。蓝铃花的颜色有其独特的超级能力，正如心理学家所说，蓝色是一种天然的舒缓和消除压力的颜色。

　　长有蓝铃花的林地随处可见，所以你不必长途跋涉就能找到它们。在英国，能看到蓝铃花的时间很短，通常是从2月初到3月底，具体要取决于冬天的长度和温度。温和的2月会让蓝铃花提早开花和消失，而持续的寒潮意味着它们会晚些时候出现。密切关注天气，随时做好准备，开始一场心血来潮的蓝铃花森林冲刺！

水仙花之恋

　　黄水仙也叫喇叭水仙，在北欧很常见，并广泛分布于世界上较冷的地方。黄水仙的花通常是鲜艳的黄色，是春天的经典象征。作家米尔恩将它们称作"阔边遮阳帽"，诗人威廉·华兹华斯深信它们有令人振奋的力量，于是写了一首诗《我孤独地漫游，像一朵云》来向它们致敬。如果在春天造访英国的湖区，那么你会发现诗人为什么如此受鼓舞——在这个地区，黄水仙数量众多，开花时蔚为壮观。黄水仙的花也有白色（内侧花冠呈黄色）、粉色，甚至是橙色的。停下来，观察这些美丽的生灵——它们过于常见，因而往往被人忽视。给自己设定一项任务，去寻找不同的品种，给它们拍照，并将它们添加到你的照片墙春季日记中。哪怕没有花园，你也可以自己种植黄水仙，它们甚至可以在室内窗台上茁壮成长。在秋天种植球茎，并在冬末或早春观赏它们开花。不过，小心不要太多地接触内侧花冠，因为它们会引起过敏反应。

赏花季

　　在持续数月的树木光秃秃的、颜色暗淡的冬日之后，再也没有什么能比得上开花的景象了。花朵是新生命的象征，它对于生长的地方并不挑剔：你可以在公园、街道或后花园里找到它。开花植物有很多不同的种类，从苹果、樱桃到山楂和接骨木，当然还有令人惊叹的玉兰。当我们对生活感到不确定时，花朵是令人心安的，它以令人难以置信的美丽色彩为我们唱小夜曲，提醒我们世界的美丽，激发我们的感激之情和乐观精神，让我们知道未来会有更温暖的日子。在日本，人们以专门的习俗——一种叫作"花见"的赏花仪式来崇拜花朵（以樱花为主），相信观察和欣赏美对我们的灵魂有着互惠的影响，也鼓励我们内在的美。

　　开花的树木不仅令人赏心悦目，还吸引野生动物和昆虫来授粉，而且它们通常在温暖的春季开花，使得花瓣蓬松，并吸引鸟儿在树枝间停驻。

　　写赏花日记是一项令人身心愉悦的春季活动。你可以保存这些天然抗抑郁药的专用照片记录，并在整个春季记录下你的心境。

观察鸟类

在经历了最严酷的季节之后，春天是重新启动大脑的时候。在冬天，我们往往会专注于保暖，可能会过度沉迷于食物和酒精，以此来应对更暗的天空、更短的白天和冬季流行的病毒。我们可能会变得疲惫和情绪低落。难怪每年的这个时候，我们就开始梦想去国外度假，或者去温泉疗养。被我们当中的许多人忽视的是，有一种自然疗法可以应对冬天的忧郁，它主要与我们上方和周围的事物有关：观鸟。当我们惊叹于这些不可思议的生灵的颜色、身体和声音时，与它们接触会让我们拥有感恩之情、平静的心灵和多样的视角。观鸟并不是一门神秘的艺术，也不需要穿上雨衣，举着双筒望远镜在灌木丛中躲几个小时。你真正需要的只是你的眼睛和事先的一些准备，这样你就知道如何识别不同的鸟种了。

如何准备观鸟

1. 对居所附近的"季节性"鸟类做一点研究。在城市地区聚集的鸟类与在农村地区聚集的鸟类不一样；不同的鸟类在一天中的不同时间以及一年中的不同季节来来去去。列出想寻找的鸟类名录，包括鸟的大小和颜色信息，并随身携带，以供参考。

2. 出门前查看天气应用程序，这样你就可以确保自己衣着得当。一定要穿舒适耐用的鞋子。尽量叠穿衣服，背包里要有一副手套、一件防水外套和防晒霜。

3. 背包里要装一些方便的观鸟工具：望远镜和野外指南将有助于优化体验。可以携带相机，但如果你只有智能手机，那也足够了。你需要一台便携式充电器，还需要一些零食和饮料来补充能量与水分。

如果运气好，拍到一些像样的照片，那么你可以创建一个鸟类相册。坚持观鸟，用不了多久，你丰富的知识就会给朋友们留下深刻印象，他们也会注意到观鸟让你容光焕发。

做一个喂鸟器

　　不难想象，在寒冬和春寒料峭的时节，鸟类很难获得天然食物。在花园里或一个大小合适的窗台上设置一个喂鸟器是个好主意，这样就可以在一年四季帮助我们有羽毛的朋友了。你可以买些喂鸟器，但自己做会更满意。如果你比较熟悉鸟类，那么可以调整喂鸟器来吸引不同种类的鸟。现代农业方式和精细化管理花园的增加（以及野性花园的减少），使我们看到的金翅雀、鸫或麻雀等鸟类越来越少，因为它们不喜欢这些不自然的空间。向日葵种子对所有鸟类来说都是安全的，但请研究不同鸟类的最佳食物。保持耐心，等待警惕的鸟儿发现你的食物。它们一旦意识到你很友好，就会开始定期拜访。感受照顾这些宝贵的野生动物的喜悦吧！

做喂鸟台

1. 你需要一些基本的工具来拼装喂鸟台：钉子、钩子、一把锤子和一些砂纸。如果你是木工新手，那么请寻求行家的建议。

2. 购买一些坚固耐用的木材，这些木材不会因下雨或更恶劣的天气而开裂或损坏。可以的话，请向木材商寻求建议。理想情况下，木材的厚度应该在 0.5 厘米到 1 厘米之间。

3. 尽量让喂鸟台大一些，以避免一群鸟互相争抢食物，也免得更胆小的鸟类迟迟不敢来。

4. 为了能让食物安全地留在喂鸟台上，在喂鸟台四周制作一个大约 1 厘米高的边缘，在角落留出空隙，以便雨水排出。这也会使清洁喂鸟台变得更容易。

5. 在把喂鸟台的木板拼在一起之前，用砂纸打磨木板，以去除可能积累灰尘的缝隙和裂口，那些灰尘容易导致疾病或感染。不建议对木材进行化学处理或涂清漆，但如果必须如此，那么建议你使用水性处理剂，并确保喂鸟台在使用之前完全干燥。

6. 在喂鸟台的侧面加上一些钉子或钩子，挂上一袋坚果和种子。也可以为喂鸟台做一个屋顶，这样可以保护来吃东西的鸟儿，使其免受雀鹰等食肉性鸟类的袭击，并让食物保持干燥。

春季寻宝游戏

寻宝游戏并非只适合孩子们玩：这项有趣的活动有助于我们与大自然接触。我们可以感受到生活的压力逐渐消失，取而代之的是在城市和农村地区识别季节性野生动物、野草和花卉的喜悦。随着新生命的大量出现，春天是进行寻宝游戏的好时机，但其实你可以每个季节都玩这个游戏。要想提前做好准备，只需要研究你可能找到的物种；如果事先知道要寻找的季节性物种是什么，就会产生更大的满足感。整理一份清单并随身携带，记住，清单会因你居住的地方而异。如果你雄心勃勃，那么可以把寻宝活动变成一次短期休假。你若是住在一座大城市，那你可以去一个风景迥异的地方旅行，并把它与度假结合起来。

学习如何辨别一只叽喳柳莺、一只眠熊蜂、几株黄花柳或一丛熊葱。张大眼睛观察周围的世界，让你那忙碌的、嗡嗡作响的大脑去关注一些极度令人放松和满足的东西。你也可以收集寻宝的纪念品——树叶、树枝、花朵（当然事先要确认可以摘花）和果实，然后翻到第14—15页和第34页，学

习如何将这些物品打造成美丽的春季家居装饰品。

1. 首先，决定春季寻宝的地点。如果你资金有限，又居住在城市或城镇，那么建议在当地活动。如果有能力旅行，一定要研究一下选择的目的地的拥堵情况。如果不想因为学校放假而遇到成群的孩子，那就在学期期间计划寻宝活动。

2. 看看选择的地区的天气状况和温度，以及会遇到什么样的地形，然后穿上相应的衣服。背包里应该有手机充电器、一些食物和饮料、手套和望远镜（如果方便的话），以及一些可折叠和便携的东西，以便把你的发现物安全地放进去。

3. 研究目的地的自然景观和本土野生动物，记下如何识别它们。尽可能多地包括细节——不同的颜色、形状、纹路、气味和声音。每个人都知道獾长什么样，却不知黄花柳为何物。

4. 尊重自然。不要闯入一个区域，惊扰那里的野生动物和践踏植物。行动要温柔且谨慎。英国的大多数野生动物不会伤害你，但它们可能会害怕你，所以在靠近它们的时候要小心。一些植物和花卉可能会对你造成伤害，不要轻易触摸。记下要当心或保护的东西，万事小心总没错！

做一只春日花环

春天的颜色和气味可以带来诸多快乐，它们也是大自然准备盛放并重新开始它的生命周期的证据。春天标志着严冬的终结和乐观的情绪，因为我们期待着脱下层层外套，再次沉浸于神奇的户外。每年的这个时候，在家中摆放一些自然物，是与大自然保持联系的一种方式。制作一只春日花环，把它挂在门上或墙上，就是把自然与创造力结合起来的好方法。我们可以将在外面发现的宝贝——树枝、叶子和花朵——结合起来，做出一只绚丽的春日花环，提醒我们这个不可思议的季节会带来什么，它会如何瞬间让我们变得开心。

自己动手制作花环的好处在于，你正在创造一些独特的东西——从外面挑选最喜欢的植物，按照你的风格将它们编织在一起。有的人喜欢用粗麻布饰带装点华美、艳丽的花环；有的人则喜欢更具有野性、更自然的花环。无论风格如何，你都可以制作一只适合自己的花环，也可以给朋友和家人带去春日的快乐。

由于这门手艺有很多不同的技法，因此有很多在线教程可供选择。你可以根据你的居住地找一份合适的在线教程，看看附近有可能找到什么东西，以及可以使用什么样的辅助材料。对页的柳条花环指南只是一个建议。你可以用树枝、藤条或其他天然材料代替柳条——只需要确保在开始制作环箍时材料足够柔软，可以弯曲。欧洲红瑞木和欧洲水青冈的枝条天然柔软，但也可以使用葡萄、常春藤、铁线莲等植物的根或藤。

编织一只春天的柳条花环

1. 准备一把修枝剪，可以用它来剪柳条、花和叶子。

2. 寻找材料——你大约需要 10—12 根柳条。你可以从垂柳或白柳上剪下枝条，但如果枝条是干的，那么需要通过浸泡几个小时来给它补水。这样的话，当开始制作花环底座时，它就不会折断或裂开。

3. 从柳条上除去叶子——柳条的长度应该在 1—1.5 米左右。

4. 柳条应该粗细有别——有些会比其他的更粗。从较细的柳条开始编织，然后加入较粗的柳条。

5. 开始把柳条编织在一起，按你需要的大小制作出一个环箍。对于第一根柳条，确保它留出至少 6 英寸（1 英寸等于 2.54 厘米。——译注）的长度，以便把绳子或金属丝缠绕在环箍上，将其固定到位。

6. 持续地转动和调整柳条。用不了多久，枝条就会灵活地缠在一起，形成一个结实的圆环。

7. 如果要添加花朵，那么请至少将 3—4 根柳条编织在一起，这样就有空间把花放进去。将突出来的柳条折进去或修剪掉，把圆环固定住。

8. 现在寻找春天的树叶和花朵。耐寒的玫瑰、黄水仙、连翘和薰衣草是很好的装饰。茎部粗壮的花最好。

9. 用修枝剪来剪花和叶子，但所有叶子和花朵上的茎要越长越好，以便将它们插在柳条之间。剪掉任何褐色或萎蔫的叶子。

10. 把春日花环放在家里任何你觉得合适的地方。记住，可以在花朵枯萎时更换它们，并通过烘干来重新使用柳条花环。

游览一座公共花园

当你在一座花园里消磨时光，无论它是否属于你，你都可以改善心情，减少焦虑，提升身心健康。首先，这样做可以合成更多的维生素 D，对于储存骨骼所需的钙和增强免疫系统至关重要。大自然真的是一种天然抗抑郁剂。在压力很大的时期，比如全球新型冠状病毒大流行期间，许多人反映，在美丽的室外空间（当允许进入时）消磨时光，会显著提升他们的情绪，并证明这是一种有效的应对策略。一项调查发现，即使只是站在阳台上，也能显著减轻压力，避免抑郁。

公共花园通常伴随着巨大的建筑，比如一座富丽堂皇的房子或一座官殿，世界各地都是如此。在英国，游客可以欣赏位于柴郡莱姆公园的壮观景象（这里通常用于拍摄历史剧）、位于泰晤士河畔金斯敦的亨利八世国王的家，或位于萨里郡的雄伟的查茨沃斯庄园（德文郡公爵和公爵夫人的家）。英国有许多属于国家信托基金的花园全年向公众开放，你有机会花一天时间惊叹于非凡的花坛、树木和园艺造型。当漫步在广阔的土地上，看不到现代建筑或车辆时，你可能会觉得自己回到了过去。这是一个很好的方式，可以体验到美丽的花园或植物园的质朴，了解养护它们所需的技能。

无论住在哪里，你都会发现有花园可供参观。你可以在网上了解一年中花园的开放时间和最佳参观时间，以及哪些是免费参观的，哪些需要捐款或购买门票。每个人都能在公共花园里找到适合自己的东西，公共花园是供所有人欣赏的。

虚拟花园

如果不能经常外出，或者根本无法外出，你现在可以享受虚拟花园或园艺体验了！在 2020 年全球新型冠状病毒导致的各种停摆期间，人们被困在家中，虚拟花园之旅变得非常流行，它提供了展现自然景观的最先进的技术，将花园的景色和声音带进了许多人的家中，并经常激发人们从新的角度来欣赏园艺。网上还有虚拟园艺课程，教你如何逐步设计和种植自己的花园。

森林浴

在日本，人们称森林浴为 Shinrin-yoku。几十年来，日本人一直认为森林浴是预防性保健的重要组成部分——有益于身体和精神。日本医生支持这一做法，这不仅是为了缓解忙碌的、压力重重的生活方式对身心造成的损伤，而且是把它真正作为对抗心脏病和癌症等疾病的武器。西方医生也加入了这一行列。这项活动没有任何坏处！

森林浴并不意味着真正的沐浴，也和水无关。它是让我们的五种感官沉浸在森林体验中。站在枝繁叶茂的树冠下，呼吸未受污染的空气，吸收声音和气味，这些本身就是一种很好的情绪助推器，但真正的秘密在于"芬多精"。这些化学物质由草和树木释放，可以大大提高免疫系统和血清素（我们的抗压力激素）水平。

森林浴需要投入一些时间。只花半个小时在林间漫步，并不能真正让你受益匪浅；在日本，人们可以在森林里住上三天。虽然你不需要花那么长时间，但请尽量抽出整个上午或下午的时间，待在你选择的森林或树木很多的公园里。

森林疗法

1. 理想情况下，选择天气晴朗的一天。春天清新凉
   爽的空气非常适合呼吸和运动。穿上相应的衣
   服——感觉太热或太冷可能会妨碍你的享受。

2. 当到达目的地时，关掉电子设备。没有相机或
   手机的干扰，你可以全身心地投入当下。如果是和朋
   友一起去，提前说好在你们离开之前不要交谈。

3. 步行探索，追寻周围吸引自己的景色和声音。相信自己的心灵和身体会带你去
   它们想去的地方。

4. 观察树木和草的细节，以及大自然的非凡设计。注意身体是如何移动的，以及
   双脚对地面的感受。

5. 找一个舒适干燥的地方坐下或躺下，仔细聆听周围的声音。鸟类和其他野生动
   物围绕着你，它们对你的存在很敏感。请尊重它们——注意它们对你的反应，
   以及它们的行为可能会随着你的出现而发生的改变。

6. 在这种宁静的氛围中，只关注当下正在发生的事情。我们太习惯于超前思考，
   让自己变得精神紧张。现在我们不提前做计划，让自己的心灵得到休息。

窗台上的香草、花卉和蔬菜

没有什么比自己种植香草、蔬菜和花卉更容易让人心满意足的了。从水芹、西红柿到天竺葵和风信子，在窗台上种植物是一种很好的方式，它可以在我们感到无能为力时创造成就感和能动性，同时也可以让我们与自然界保持联系。在煎蛋卷上撒上自己种的欧芹，或者在一盘马苏里拉奶酪中加入从窗台种植箱里摘下的小而美味的西红柿，都会带来极大的快乐。

如果你有自己的户外空间，那可真是够幸运的。如果没有，那就佩服自己的足智多谋吧！你可以利用一个小空间，把它变成一座花园。即使户外空间有限，用种子或球茎进行种植和栽培也是可行的。你只需要有足够的空间来容纳大小合适的容器、阳光、水、堆肥、小石头和一些化肥。春天是播种的好时候。家庭种植最初不需要特殊的容器——你可以把种子埋在空鸡蛋盒或酸奶盒中，或者使用折叠的卫生纸筒，之后再转移到更大的花盆里，这也是一个生物降解的可持续解决方案。虽然可以在室内开始播种，但大多数种子发芽需要阳光，因此将种植器皿摆在阳光下很重要。

准备工作

1. 做一点研究，弄清楚能在你的窗台盒子里实际种植
    什么。香草和花卉很简单，但蔬菜需要更多的考量。胡萝
    卜、豌豆尖和西红柿都适合窗台种植。其他较大的蔬菜，如西
    葫芦和土豆，则需要更多的空间，所以它们不太合适。也可以
    种植豆类，但你需要一根杆子来支撑它们。

2. 如果你主要种植香草和花卉，那就不需要巨大的花盆，但要确保
    它们足够重或装的土足够多，这样就不会被强风吹倒。还要考虑窗台花架能承
    受多少重量。如果住在高处，也要考虑楼下的邻居。当地的园艺中心会为你提
    供种植香草和花卉的好建议，可以在网上、园艺中心和一些超市购买种子。

3. 评估你的户外空间的状况。它什么时候能晒到太阳，持续多久？它是暴露在自
    然环境中，还是被其他建筑遮蔽？选择的植物需要能够在你提供的特定条件下
    生存。可以在网上搜索相关资料，但好消息是，大多数香草（如薰衣草）和其
    他草本植物都很顽强，很容易培育。

4. 要想蔬菜长得好，就需要根据窗台的大小选择最深的花盆。花盆至少需要 15
    厘米深，但最好是 20 厘米甚至 30 厘米深。你可以使用大的锡罐或非塑料制品
    的家用容器即兴制作花盆。为不同的种子选择不同类型的容器，也有助于区分
    刚发芽的蔬菜。

5. 你需要为你的花盆专门配置堆肥——它能更好地保持水分，并含有生长所需
    的重要营养物质。请咨询在线的或园艺中心的专家，以获取这一信息。壤土
    （指颗粒组成中黏粒、粉粒、砂粒含量适中的土壤，质地介于黏土和砂土之
    间。——译注）堆肥是最理想的。

6. 在花盆底部放一层石头，以便将水排干，然后加入堆肥，再把它压实。现在可
    以浇水了——只需使堆肥湿润就行。

7. 给植物浇水和施肥。经常浇水，但不要浇太多，以免淹没了正在发芽的蔬菜。
    将手指插进堆肥表面的正下方检查湿度——应该感觉稍微湿润，但不潮湿。买
    一份液体肥，每两周至少添加一次。

采摘野菜

许多野生植物和花卉都是可食用的，可以用于烹饪，春季是开始寻找它们的最佳季节。在网上搜索一下，你就会发现春季能找到哪些可食用的野菜，这里有一些建议可以帮到你。

在早春的时候，你会发现繁缕——大自然的美味秘诀之一，它富含维生素和矿物质，可以做成很美味的沙拉。蒲公英是一种多用途的植物，它的每一部分都可以用于烹饪。它未打开的花蕾甚至可以放进酱汁中，做成一种调味料，就像刺山柑一样。经常在悬崖上被发现的荆豆，以其带有椰子和杏仁味道的花朵而闻名。对园艺家来说，虎杖是一种臭名昭著的杂草，但它富含维生素。你可以通过采摘和食用它来助园艺师一臂之力，所以尽量多采一点。在仲春时节，马芹以其肉质的茎、花和叶尖而闻名，可以带回家蒸熟，作为菜品的点缀。黑莓叶则非常适合泡茶。

你需要事先做好准备，因为你必须正确识别植物，不要把它们跟不可食用的植物搞混了。一年四季都能找到可食用的野菜，所以请记下每个季节都能找到什么，以及它在何处生长。如果你是城市居民，请查看最近的树林或荒地（而不是当地的公园）。根据要找的东西种类，你可能需要扩大寻找范围。如果能负担得起开销并有时间，那就乘火车或开车去更远的地方找找看。

采野菜的时候你需要什么

1. 一只棉质或亚麻布的袋子（最好是一只手提袋），用来装运野菜而不会让它们闷气。你也可以带一只有内衬的篮子。

2. 理想情况下，你应该买一只放大镜来帮助你正确地识别野菜。有些野菜看起来与其他植物非常相似，因此正确识别它们至关重要。你需要核实采摘的确实是可以吃的野菜，并确保自己知道哪些植物可以吃，哪些植物不能吃，以防误食导致的危险。你可以买便宜的放大镜，但如果你没有买放大镜的预算，又对一种植物是否有毒存疑，那就不要摘了。

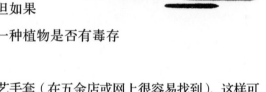

3. 最好买一双厚实的工作手套或园艺手套（在五金店或网上很容易找到），这样可以在摘野菜时保护你的双手。你的皮肤可能很敏感，你也可能对一些植物过敏。

4. 一把修枝剪或剪枝夹，用于小心地剪下野菜。

5. 合适的衣服。如果你的整个身子都会陷在野生植物中，那么不要穿短裤——得荨麻疹可不好玩……

大海，大海！

在水边度过一段时间对我们的情绪有显著的正面影响，这已经不是什么秘密了。与观星（见 120—121 页）一样，心理学研究表明，河流或大海等宽广的水域会提醒我们，使我们意识到自己属于广阔的自然世界的一部分。关注我们与这个世界的联系，而不是沉迷于个人的焦虑和担忧，有助于保持客观判断力。要记得，最重要的是健康、良好的关系和社区生活。这并不意味着我们的担忧无关紧要或应该被忽略，但当睁开眼睛看到更大的图景时，这些担忧会有所减轻。

让我们平静，回到当下的，不仅仅是看到水；水的声音和气味，还有水边成群的野生动物，都会有这样的作用。维多利亚时代的人经常把"久病衰弱者"送到海边，以便让他们康复。不难理解，为什么在水边休息有助于我们保持和恢复身心健康。虽然回到家后会有些疲惫，但我们的身心会以最好的方式感谢这段远离忙碌的现代生活的宝贵时光。

哪怕住在城市，你仍然可以从水疗法中受益。你可以跳上火车去海边、湖边或河边一日游。如果没有这种机会，许多城市公园也有很棒的池塘和湖泊。科技也可以成为你的朋友——下载一个应用程序，听听水的声音。当你在工作或个人生活中经历了一段忙碌的时光，这可能特别有用。戴着耳机听上半个小时，血压会降低，身心会平静下来，你会感觉更强壮，能更好地应对压力。试验表明，当老年人观看海洋的视频时，他们的压力和孤独感会降低，因此在 YouTube 上找找"海洋疗愈"视频也会带来显著的治疗效果。

"水疗"前的准备工作

1. 在旅行前查询可靠的天气预报应用程序，以确保不会遭遇狂风、暴雨、春季冰风暴或大雪。但是，微风和小雨可以增加体验的愉悦感。

2. 穿上适合天气的衣服。带上一只轻便的帆布包，里面放上一件防水夹克、一些手套和一双备用袜子。根据要去的地方，带上雨靴或登山靴，以防遇到泥泞。叠穿衣服是个好主意——在春天，气温可以在短短几个小时内从温暖变为寒冷；如果在海边，那里会比城市里温度更低。

3. 如果要去海边，可以在海滩上买零食吃；但如果你要前往更偏远的地方（例如山区湖泊），就需要带一些能提供能量的食物。一定要随身携带水，并提前检查该地区的便利设施，以便做好补充水的计划。

4. 充分了解你选择的目的地的环境——注意是否有激流或沼泽地。如果要去海边，但又不擅长游泳，请远离任何标记着"危险"的水域。如果决定要进入某片水域或直接下水，那么记住这一点尤为重要：哪怕只是计划在公园池塘里乘坐一艘简单的脚踏船，也要穿上救生衣，不用感到害羞。

骑自行车

　　我们知道定期锻炼不仅对身体有好处，有助于降低患病的可能性和预防肥胖，而且对心理健康也有好处。半小时适度的有氧运动释放出的内啡肽会显著降低压力和焦虑水平。锻炼还能强化我们的大脑，提高记忆力和创造性思维能力。锻炼还是对身体发起的一点挑战，会让你从舒适区和无精打采的状态中脱离出来，显得更有活力。同时这也很有趣！参加团队锻炼，即使只有一两个同伴，也是有激励作用的，这样能产生责任感并可以分享经验。哪怕不是很喜欢团队锻炼，但因为不想让别人失望，我们也更有可能坚持实施计划。参加完团队锻炼之后，我们会感觉与他人的联系更加紧密，成为社区的一部分，最终变得更加健康，更加自信。

　　对于一些人来说，付昂贵的费用成为健身房会员，可能是激励自己的有效方式，但人们普遍认为户外运动是最健康的选择，因为它可以提高维生素 D 水平，让你有机会呼吸干净、新鲜的空气。户外运动通常也更便宜——跑步和在溪流中野泳都是免费的，一旦你买了一辆好的自行车，骑自行车也是免费的。骑自行车甚至可以为你省钱——它可以成为公共交通的一个很好的替代品。最近的研究表明，与不骑车的人相比，每天骑车的人的日常满足感会延长。虽然几乎所有的运动类型都很好，但自行车对我们的关节、骨骼和心脏的影响都比较轻微。如果你已经是一名超级自行车手，那么说明你已经做好了准备；但如果这种体验对你来说是全新的，这里有一些关键提示需要注意。

1. 选择一辆适合自己骑行水平的自行车。对于初学者来说，轮胎较薄的轻型自行车最适合公路骑行。

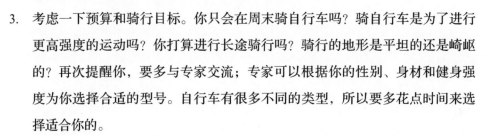

2. 买一辆尺寸合适的自行车。如何确定是否合适呢？双腿跨在自行车的车架上，在你的身体和车架之间能够留出大约 1 英寸的间隙。如果你不确定，可以向自行车店的店员咨询。

3. 考虑一下预算和骑行目标。你只会在周末骑自行车吗？骑自行车是为了进行更高强度的运动吗？你打算进行长途骑行吗？骑行的地形是平坦的还是崎岖的？再次提醒你，要多与专家交流；专家可以根据你的性别、身材和健身强度为你选择合适的型号。自行车有很多不同的类型，所以要多花点时间来选择适合你的。

4. 别忘了戴上头盔！这对在城市里骑自行车来说尤其重要，不过在偏远的乡村地区也应该戴头盔。

5. 以一种让你感觉舒适和适度的方式骑自行车。就像这本书中的每一项活动一样，骑自行车应该是有趣的、有益的、能减轻压力而不是诱发压力的！

追踪鸟类合唱团

我们一生都在接触鸟鸣，但许多人没有耐心好好聆听，也没有兴趣去了解鸟类歌唱的原因，以及每首歌所告诉我们的鸟类的习惯和需求。鸟鸣不仅美妙动听，它还是有目的的。它是鸟类群落之间重要的交流形式。

以一只雄性柳莺为例，它在春天开始时从非洲出发前往英国，飞行了2000多英里（1英里约等于1.6千米。——编注），心中充满了浪漫的情感。这只柳莺的颜色与风景融为一体，但它需要脱颖而出才能吸引雌性，所以它用诱人的声音来让自己出名并得到雌性的芳心。雄鸟的鸟鸣不仅仅是为了追求雌鸟，它对划定领地也至关重要；这只鸟相当于在展示肌肉，并警告其他雄鸟不要靠近它的领地。

尽管所有的鸟类都会"唱歌"，但从理论上讲，只有某些鸟类是鸣禽，这意味着它们会练习并完善自己的歌曲。举个例子，椋鸟和金翅雀喜欢和同类一起唱歌。有些鸟类的鸣唱能力与生俱来，通常是为一个原始目的而设计的，比如雄性和雌性的欧亚鸲，它们整个冬天都在唱歌，明确地保卫自己的领地。

学习辨别鸟鸣是一项非常有益的活动。它可以帮助我们培养耐心，学会沉默。它还可以帮助我们感受到与这些非凡的生物以及大自然的联系。我们被野生动物的独创性所折服，学会停下来，花点时间观察周围的世界——这是心理健康状况良好的重要标志。

听鸟鸣的小技巧

1. 从鸣禽开始辨别鸟鸣，在欧洲北部，鸣禽包括燕雀、乌鸫、鸲和云雀。这些鸟中的每一种都有独特的声音，或者说"曲调"——鸣禽发出的声音最优美。

2. 走访不同的地方，让自己置身于各种各样的鸟鸣声中。如果你在河边或湖边，那么你会在这里听到翠鸟或鹡鸰的叫声。若是顺着声音寻觅，你甚至可以看到翠鸟身上鲜艳的蓝色。你如果在一片有很多田地的乡村地区，那么很可能会听到云雀此起彼伏的叫声。

3. 这听起来可能有点傻，但记住不同鸟鸣的一个好办法是将你自己的语言或旋律应用到每种鸟鸣中——试着用这个办法记住斑尾林鸽的四音符鸣叫。

4. 给辨别鸟鸣带来方便的是，某些鸟类是以它们的歌声来命名的，例如杜鹃（英文为 cuckoo）或叽喳柳莺（英文为 chiffchaff）。在听的时候记住这一点，可能会帮助你识别一些鸟类。

5. 鸟类非常聪明，所以要注意，有时它们会模仿其他鸟类的鸣声。随着知识的积累，你将学会识别"冒牌货"。

6. 信不信由你，同一种鸟的鸣声因其所在的国家而异，所以无论你身在世界何处，都要注意鸟类的"口音"。

耕种小片土地

许多人认为种地是一种小众且过时的爱好。事实上，租小片土地来耕种比以往任何时候都更受欢迎，而且这不仅仅是因为老一辈人喜欢它。那些工作压力大，每天会花 12 个小时盯着电脑屏幕的人，可能会在把手伸进土壤、将植物和种子培育至成熟结果中找到幸福的解脱。对于没有自己花园的人来说，通过租种一小片田地来与自然产生联结，会带来很多好处。这件看似简单的事情——在新鲜空气中培育新生命，看着大自然自己运行——在降低我们的压力方面发挥了神奇的作用。它能提高人体的血清素水平，并最终改善人们的认知心理健康，包括记忆力。不论什么时候开始你的小片土地耕种生活，都不会显得太早……

租一小片地耕种在全球范围内都很流行。土地大多是国有的，因此公众可以通过向地方议会或市政当局提交申请来获得小片区域。在英国，这意味着需要联系当地的教区或地方议会，或者拥有土地的国家信托基金。他们可以为你提供一份所在区域的土地列表，然后你可以将名字添加到申请者列表中。这可能需要等待一段时间，因为租小片土地耕种很受欢迎，等待名单可能很长，但请利用你新发现的耐心，耐心地等待，直到轮到你。你也可以和五六个志同道合的人联合起来，这将有利于你的申请获批。

如果长时间的等待变得令人沮丧，那么去当地的社区看看是否有空地也是值得尝试的。找出空地的所有者，然后联系他们，询问你是否可以从他们那里租用土地。那些土地往往闲置多年，其所有者可能会很高兴得到这笔收入！

好玩的 "敬畏之旅"

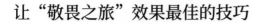

不，这不仅仅是一个用来指代在公园或乡村漫步的术语。"敬畏之旅"就是利用我们对自然世界（它的颜色、景象和声音）的敬畏，这反过来又会使我们将注意力向外转移，而不是向内转移，从而减少压力、焦虑，降低血压。"敬畏之旅"运动从20世纪初就开始了，对保持我们的身心健康来说，它比以往任何时候都更重要。

关键是要寻找一个对你来说也是全新的、宽阔且开放的空间，例如一座可以观览全景的山，或者城市地区的摩天大楼或高层建筑的顶部（在得到允许的情况下）。当你被不熟悉的景象和声音触动时，敬畏感自然而然会产生。只需15分钟的步行，你就能感受到"敬畏之旅"的好处。

让 "敬畏之旅" 效果最佳的技巧

1. 关闭电子设备，或者把它们留在家里。

2. 出发前，安静地坐着或冥想，让自己进入一种接受的心态。避免让你感受到压力的活动，接受让你感到安慰的行为。

3. 翻到第2—3页，了解如何专注于与地面的物理连接的一些技巧。走路时使用此技巧。

4. 当你移动的时候，注意那些让你敬畏和汗毛直竖的时刻：突然瞥见野生动物，比如一只正在嬉戏的小兔子，或是一只疯狂地冲上大树的松鼠；还有草地的颜色和脚踩地面的感觉——这是大自然的天然之美。你会感觉到身体对惊奇感做出了反应，这是世界上最好的感觉。

玩呼啦圈！

还记得小时候花几个小时玩呼啦圈吗？那是永远不会结束的乐趣，对吧？当你成功地让呼啦圈绕着腰旋转了整整一分钟而没有掉到地上时，这感觉有多棒！

你可能以为玩呼啦圈的日子已经结束了，但好消息是它们回来了！这种活动不仅对健身和培养协调性很好，对心理健康也很有帮助。

玩呼啦圈可以提高心率，燃烧卡路里，提升平衡能力和协调性，并用到心理健康稳定器的核心力量——正念和冥想。众所周知，正念和冥想可以减轻压力和对抗抑郁。玩呼啦圈的人知道他们正在练习一项兼顾头脑、身体和心灵的运动，这项运动迫使他们停留在当下，只专注于保持呼啦圈的旋转——这被称作"动态冥想"。最棒的是，玩呼啦圈很有趣，哪怕呼啦圈老是掉到地上，这也是一项有价值的活动。你不需要擅长玩呼啦圈，只要保持练习就足以获得它的许多益处。

玩呼啦圈之前需要知道的事

1. 与所有运动一样，如果你有任何潜在的健康问题，包括心脏、呼吸、背部或臀部问题，那么最好在开始玩呼啦圈之前咨询医生或物理治疗师。

2. 如果你有足够的室内空间，或者因故无法离开家，那就选择在室内玩呼啦圈；但最好在户外花园、当地公园甚至废弃的网球场进行呼啦圈运动。

3. 有很多不同种类的呼啦圈，所以在购买之前要做一些研究，并确保你所使用的呼啦圈宽度在你站立时从你的脚趾尖一直延伸到肚脐周围。

4. 最好先看看在线视频教程，以确定初学者需要使用的技术。观看在线视频也是了解玩呼啦圈可以达到何种水平的绝佳途径。

5. 玩呼啦圈时最好穿舒适宽松的衣服。紧身裤或运动裤是理想的选择，可以搭配T恤、运动鞋或帆布鞋。如果在外面玩呼啦圈，一定要穿暖和一点的衣服；但要记住，玩呼啦圈的时候，身体会热起来的。穿一件易于脱下的连帽衫或运动衫是个好主意。

6. 现在准备好音乐，戴上耳机，就可以开始了！

春天里的树枝装饰

要想对你的家做春季装饰，有一个最简单的方法，那就是用在户外发现的东西来装点房间、壁炉、壁炉架和门口，并制作自然主题的餐桌装饰。随处可见的春芽、树枝、花蕾和树叶会让家居充满活力，唤醒你的感官，它们带来的大自然的气息也有同样的效果。

你需要一只足够大的袋子或包，用来存放搜寻到的东西；穿一双雨靴，以防遇到泥泞的土地；你还需要一副工作手套（可以在五金店或任何大型超市找到这些物品）。前往最近的一片茂密的树林，你会发现很多掉落的树杈和细枝。记住，不要直接从树上折断任何东西，只能使用已经掉落的材料。也可以留意常春藤或蔓生的厚茎植物——可以把它们添加到你的树枝装饰中，以获得额外的色彩。卧室里装饰少许开放的樱花，会立刻带来欢乐的氛围。

一些资深的春季室内装潢师用更大的树枝作为窗帘杆，在家里营造出树屋的效果。你如果还没有达到这种水平，可以使用一些简单的技巧——收集树枝，把它们放在桌子或壁炉架上的花瓶里，或者在抽屉柜的后面拉上常春藤。为了增加变化，可以将枝条喷成银白色、淡蓝色或黄色。你也可以为你的珠宝首饰做一个用树枝编织而成的容器。在使用木头之前，一定要把它们都清理干净，这样你就不会把里面的任何生物带进屋。

当谈到如何用自然材料进行室内装饰时，人们有着无穷无尽的想法——上网寻找更多灵感吧。

春季的记录

　　写一本关于春天户外经历的日记，并拍下照片作为插图。从冬天走出家门开始，记录你在换季期间的感受和想法，并记录探索自然时情绪的变化。你甚至可以在脸书或照片墙上创建一个专门用于写春季日记的账号，这样其他人就可以分享你的经历。如果你在这个季节开始时有点疲劳或情绪低落，请记录下来，并配上一张照片——也许是窗外的景色，作为春天疗愈的第一步。你可以把日记加密，只为自己而写；但研究表明，通过表达并与他人分享个人感受，以及分享你发现的任何能够提升情绪和改善心理健康的活动，你可以和那些与你共情并认同你的人交流。这样做能够对抗孤独感——你和其他人的孤独感——并且激发灵感和鼓舞人心。记住，感觉不好也没关系。之后，当你的情绪好转，焦虑减轻时，一群志同道合的人会为你加油的。

夏　季

野　泳

野泳的乐趣被越来越多的人发现了。刚接触野泳的人可能不了解，"野泳"不是跳进休闲中心的游泳池，不受约束地随便乱游，而是在非人工挖掘的自然水域（咸水或淡水），比如河流、湖泊或大海中游泳。以前，人们可能简单地称之为"游泳"，但在现代化人造泳池唾手可得的 21 世纪，跳进未经氯化的冷水中，感觉相当有野性。

由于我们已经习惯了室内和室外的加热游泳池，所以跳入寒冷的未知水域中会令我们生畏——如果不会游泳，就不要尝试野泳这项活动了。但如果愿意野泳，其好处会让你觉得一切都值得。野泳不仅可以刺激肌肉功能和血管舒张（健康的血液流动），而且在运动员看来是赛前训练的重要组成部分。在慢跑或快跑之前，野泳是很好的热身运动。

野泳对我们的好处，不仅存在于身体方面，也存在于心理健康方面。野泳会迅速激发神经系统中的内啡肽，我们的所有感官都被激活，产生愉悦感。和面对其他大大小小的挑战一样，你需要一点勇气来克服所感受到的恐惧，才敢一个猛子扎进这些水域；但你还是会去做，这时你就觉得有一股精神力量，也相信自己不可战胜。野泳让我们释放压力，进入一种活在当下的状态：这时我们会充分感受自己的身体，尽可能地什么都不想。

如何做好野泳的准备工作

1. 依据水域属性的不同，找到和自己水性相
   匹配的地方。还应考虑游泳时可能遇到的
   各种水生生物：在海中游泳时，你可
   能会感觉到鱼在身边游动，而很多
   河里都有芦苇和无害的、滑溜溜
   的鱼。纵身一跃之前得确定选中
   的游泳之地是允许游泳且安全的。
   比较谨慎的人，最好先去熟悉的水域
   或其他人常去的地方游泳。如果决定去海里游泳，务必了解水流和潮汐是否
   安全，也要了解海面可能遇到的情况，比如是否有很多船只、皮划艇或独木
   舟等。

2. 野泳时得穿一件质量好的泳衣，除非你喜欢裸泳（为什么不裸泳呢？）。在天冷
   的季节，可以考虑穿防寒泳衣，这要取决于你想在什么时间，想去哪儿游泳。
   往轻里说，3 月和 11 月的北海就挺凉爽的！夏天的水温可能仍然很低，所以有
   必要事先了解所选水域的平均水温。

3. 最后，一定要在包里带上大毛巾，以便游泳后擦干身体，还要带上一瓶水或一
   杯热饮。也可以带些健康的小零食，这样在游泳之后可以补充能量。

迎接太阳

春天悄悄地变成了夏天——我们常常在 5 月中旬前后注意到季节已发生了变化。我们早早醒来，看到阳光透过卧室的窗帘照射进来，期待白天变长的日子，那些日子里温度将持续升高，接下来的几个月会越来越热。就像春天刚开始的时候一样，季节性的变化会让我们感到身体有点不适。对于天气的变化，我们没有做好准备，皮肤的适应性仍然停留在凉爽的月份，穿夏装会让人感觉非常奇怪。虽然对很多人来说，夏天是他们最爱的季节，但对其他人来说，在这个时候就期望"振奋起来"、精力充沛，只会让他们感到恼怒，甚至沮丧。如果你就是其中之一，那你要知道这没什么可羞愧的。因为这些感觉没错，别给自己施加"让自己快乐"的压力，不过，你可以做些能帮你轻松入夏的事情，比如迎接太阳。

当世界上其他人都在睡觉的时候看着太阳升起，是一种特殊的结合仪式。这时的太阳色彩最冷、最柔和，阳光（如果那天天气好）壮观而精彩。它能对你的精神状态产生改变性的影响，能带来平和，抵御焦虑和悲伤。与自然亲密接触的体验影响深远，夏日来临这件事会让你更容易接受，更兴奋。

日出疗法注意事项

1. 选择没有太多云彩、没有下雨、天空相当晴朗的早晨，这样，你就能充分享受晨光了。

2. 为了赶上黎明，你需要早早起床。因此，头天晚上一定要早些上床睡觉，设好第二天早上的闹钟。

3. 如果你是城市居民，就在所在城市找一个安静的，最好是绿植多的地方，地势高一些就更好了。如果生活在偏远乡村，那就找一片最喜欢的高地坐等日出。

4. 可以带一包早餐、一瓶咖啡或茶，或其他什么饮料。身着可以穿脱的多层衣物，这样你就能应对气温的任何变化；在包里装一块垫子或毯子，以便坐得舒服。

5. 永远不要直视太阳。站在洒满阳光的小路上，眼睛闭上一会儿，伸出双臂，仿佛你在拥抱太阳。

6. 回家后，记下这段经历带来的感受，尤其是阳光如何影响自己。重复观赏日出，继续记录自己的情绪。关注自己有了什么感觉，什么体验对自己的总体情绪产生了影响。

赶 海

夏天赶海很不错，它能让我们享受海边的各种好处——微风、空气中的咸味、海浪拍岸的声音等——并激活我们的洞察力和好奇心。除此之外，夏天也是远离繁忙的城市、道路、人群和污染的时候。赶海还为我们带来了其他快乐：看看被海浪冲刷的东西，感受贝壳、石头、化石的质地和形状，偶尔还会发现带有信息的漂流瓶，这些事情带来的乐趣不容低估。

赶海与"泥泞寻宝"不同。"泥泞寻宝"是在泥滩上捡东西，它是一种有组织的、通常需要许可证的营生，侧重于城市河流，例如伦敦泰晤士河的河滩。赶海围绕着发现自然之物，而不是经济上值钱的东西。不能从海滩上挖取沙子，在英国某些地方，收集鹅卵石也是违法的，所以请核实自己选择要去的海滩上是否允许收集鹅卵石。在大多数情况下，鹅卵石、贝壳（只要它们不含活体）和小块的海玻璃（被海水磨圆和磨平的旧瓶子碎片）通常都很容易在海滩上找到，并可以带回家。

如果你对更需认真对待的泥滩寻宝感兴趣，那么要先登录官方网站，了解如何参加以及需要做些什么。例如，泰晤士河前滩的泥滩寻宝，要求准备特殊设备和许可证。但如果只想简单地赶个海，甚至只是简单地走走看看，那么在最近的海滩小小地探究一番就足够了，你只需要关注一下关于海滩赶海的规则或规定。

记着，赶海可不是一件乏味无聊的事，而是连接你与自然环境的活动，有时海滩上有着具有数百年历史的岩块和石子，它们会缓解我们的各种压力和情绪。在阳光明媚的日子里，沿着海滩散步就已足够。

　　如果你住的地方离海滩很远，但你又想更多地赶海，那么可以和朋友利用周末组织一次赶海活动，或者组织海边一日游。你也可以做些功课，例如查一查哪些海滩是理想的赶海之地——比如可以在那里找到海玻璃——还有你能如何用赶海的收获发挥创意。

夏季日记

有时，我们情绪低落，既不想待在室内，也不想出门享受阳光。我们不知该如何安置自己。享受夏季越来越难，夏天存在着悖论：它召唤我们走出去，但又让我们感到疲惫不堪。现在，是时候让自己放轻松了，坐在户外写下我们的感受，写下我们看到的周遭事物。

如果你能体会到上面描述的感受，那么试试用一些令你舒服的东西开启自己的一天：听听喜欢的音乐，读几章喜欢的书，穿上自觉舒适的衣服。慢慢来，提醒自己，无论有什么感觉都没问题。接纳自己的任何感受，就不会那么焦虑和紧张了。

给自己留出一些时间走到户外，写下脑海里的想法。如果家里有花园或阳台，那就不必去更远的地方了，也可以去附近让你觉得更轻松、更平静的地方。出门时，把笔记本当朋友一样带着，可以的话，把手机留在家里。情绪低落、无精打采时，人很容易沉迷于推特、脸书或照片墙；虽然社交媒体可以帮你减少孤独感，不过，当真正需要坐下来与自己的感受为伍时，社交媒体会分散你的注意力，把你的感受赶跑。

在户外只需花20分钟，描述自己的精神状态，这将会减轻你的精神负担，让你感觉更加强大和平静。

制作鸟类洗浴盆

如果有足够的户外空间，给鸟儿做个洗浴盆是帮助鸟类朋友的另一种好方法，尤其是在水源稀少的夏季。这么做也是将我们的创造力运用于环保，是让我们找到目标、提振士气的另一种方式。洗浴盆会将乌鸫、椋鸟或斑鸠等鸟类吸引到你家的窗台或花园，它们会清洗自己的羽毛并使其保持良好的状态；而且，观看鸟儿们戏水，对我们来说是一种有趣和令人放松的消遣方式。当然，你可以买一只鸟儿洗浴盆，但做一只很容易，而且你可能会觉得更满足。

你需要什么

1. 既宽又浅且不漏水的碟形物，比如有斜边的老式垃圾箱盖。它的宽度最好有 30 厘米左右，最深处约 10 厘米。

2. 一些小石块、石子，或一些沙砾。

3. 用来垫洗浴盆的四块砖。

4. 水——收集雨水或使用自来水。

制作洗浴盆

1. 把垫砖放在草地上，把盘子放在上面。确保放在草地上鸟儿们很容易看到的位置，而且要离绿篱和树枝足够近，这样戏水的鸟儿们才会感到安全，可以随时跳回灌木丛中。如果养有宠物，请确保洗浴盆是在它们够不着的地方。猫喜欢抓鸟。

2. 把小石块或沙砾放在盘子底部，这样鸟儿在戏水的时候能抓得更稳，不会在水里滑倒。

3. 给盘子加满水，并记得定期补水。

加入社区花园

社区花园是社区公共土地空间，在该社区居住的人们可以志愿担任园丁，通过活动来学习园艺、植物和蔬菜生长方面的知识。这些社区花园有着双重作用，既对土地进行耕种，又能把人们聚在一起，分享滋养土地、舒缓心灵的经验。社区花园大多分布在市区和城镇这些绿地资源有限的地方，而且已经被证明对我们的身心健康极为有益。重要的是，社区花园可以改善那些有身心健康问题的人或残障人士的生活质量。

社区花园除了种植植物，还经常为其他团队活动（瑜伽、绘画，甚至陶艺课，以及儿童活动）提供场所。如果想让自己、朋友或亲戚参与社区花园活动，你可以研究一下你家附近的社区花园，看看它们提供什么，何时提供，以及怎么加入。也看看身边的社区花园在参观和活动方面为那些精神或身体有残疾的人提供些什么。

你很有可能在离得最近的、面积还算大的公园里发现社区花园。

由于越来越多的人报名参加丰富的户外活动，成为社区花园志愿者需要先报名，然后进入志愿者候补名单。耐心等待，终有一天你会成为志愿者。

制作花链

　　还记得小时候在草地上盘着腿，专心地用小雏菊做项链、手镯或皇冠的那些时光吗？还记得那些沉浸在创作中的纯粹乐趣吗？这类游戏不仅是童年时期的重要象征，也有益于成人生活。简单的、令人专注的活动能够舒缓我们的神经，让我们进入当下，只关注我们正在制作的东西。满脑子都是小雏菊花链，是一种让生活平静下来，恢复玩耍感觉的绝佳方式。

你可能需要的复习课程

1. 找到开满雏菊（各种类型与颜色）和毛茛等小花的草地。

2. 选好不同的花，用拇指指甲在花茎上撕开一条长约 0.5 英寸的缝。

3. 将另一朵花的茎插进这条狭缝，然后重复这个过程，把想用的花穿成花链。

4. 把最后一朵花撕开 1 英寸，然后把最初的那朵雏菊穿过去，制成花链。根据需要去掉一些花瓣。

观察树木，植树造林

从我们出生到死亡，周围的许多树一直都在那里，有些在我们出生之前已经存在了几个世纪。光是想到这一点，就可以使我们客观地看待自然界及其经久不衰的历史，悄悄地让自己振奋，也更接地气。仔细地观察树是一种乐趣——识别树的不同特征，对树的大小、我们头顶上蔓延的枝条以及看起来像巨人脚的树根感到敬畏。树木雄伟、有力、精致、优雅、充满活力，夏季的树总是色彩鲜明。

树木不仅制造氧气，净化空气和土壤，有助于消除空气和噪声污染，还能遮阳，提供庇护，使风景更加美丽。树常被描述为"地球的肺"，我们需要照顾好树木，以保护未来的环境。夏天是了解树木的好时机，因为夏天可以在户外待得更久。学习树木知识会激励你去种树。在维多利亚时代，人们种植了许多有着巨大树冠的树木，比如橡树、白桦和桦树，现在这些树的生命周期即将结束，因此我们需要种植更多的树木，尤其是在交通和工业废气污染严重的市区。

比较幸运的是，有许多专门的组织和慈善机构提供树木识别指南，告诉我们应该在一年中的什么时候注意树的哪些特征。由此，想辨认榛子树或山楂树、接骨木或英国榆树的时候，访问英国林地信托基金（UK's Woodland Trust）等网站就可以了。

植就未来

套用一句名言，我们可以说："种树就是心存期待，相信明天。"看着树生长的感觉很美妙。许多人在自己的花园里或租种的小片土地上种树，其实你也可以在社区花园和果园里种树，所以即便没有自己的户外空间也没关系。

不同的树木有不同的需求，例如对土壤的偏好，所以要根据你打算在哪儿种树而仔细选择树种。你可以从靠谱的网站上找到所需信息，也可以实地观察四周是什么树在蓬勃生长，这能让你很好地了解什么树可以在你的花园里种得好。

如果是在林地种树，那么要事先了解不同的树木对周围环境和野生动物保护方面的不同作用。例如，欧洲花楸、榛子和水青冈等结果实的树，全年都吸引着野生动物。看看哪些树种可以防止土壤侵蚀，哪些最适合牲畜栖身，哪些有助于减少洪水。

确保你能在如何种树方面得到专家意见：什么时候开始种植，如何培育树木，以及需要多长时间树才能成材。我们现在种下的树要经过几代人才能真正长成，这感觉很棒；不过，也有很多树种可以快速成长，如果你想看到自己种下的树长到最大，那么可以选择这些树种。

让我们露营去

研究表明，童年的时候有露营和接触大自然的体验，有助于应对成年生活中的心理压力。大多数人都有露营的经历，有一些人喜欢，也有很多人抱怨。不过，我们绝大多数人年轻时都有睡在户外，过几天没有电视也没有城市空气污染的日子，然后精神饱满地回到家的经历。

当你逃离日常生活压力，探索自己的潜能时，你可以把露营视为一种身心重启的方式。研究表明，和所有长时间户外活动一样，露营能提升我们的认知功能，为我们解压，也为我们提供发挥自主性的机会。露营不仅让我们与自然联结，也让我们与一起露营的人产生情感联系。露营时，我们发挥着祖先每天使用的技能，比如生火，思考吃什么和如何做准备，并发挥创造力。当脱离舒适的家庭环境时，一起做些什么让自己吃饱并保暖，这其中有一些原始而深刻的东西。

在现代社会，我们越来越关注自我形象，关注怎么向别人展示自己。为了保持良好形象、做事符合社会规范，我们承受着巨大压力。露营可以在短短几天内驱散并消除这些顾虑，我们在这种体验中焕然一新，更自信、更满足。如果你是露营新手，下面是一些可以让你的露营之旅尽可能美妙的实用注意事项。

新手露营指南

1. 拥有一顶帐篷。不同类型的帐篷有着不同的大小和材质，如果你打算去无人区旅行，那儿通常地形崎岖，天气多变，一顶薄且不结实的帐篷是应付不了的。你得咨询户外专家，最好在购买之前亲自检视一些帐篷。你在网上能找到很多非常棒的建议。

2. 现在到处都是露营地，找个适合自己的需要做些功课——露营地的设施、与附近景点的距离等是否正好合适。如果打算在更远的地方露营几天，或者是在"淡季"露营，那么需要注意到达目的地要用多长时间，并确保自己在白天抵达营地。

3. 有了帐篷之后，在露营之前先试用一下，确保帐篷可以正常使用，没有缺失任何设备，并且大小合适。研究一下露营需要携带的必需品——你需要炊具、燃料、食物和供水等。网上有很多露营必备物品清单。

4. 最好在平地上搭帐篷，但有时可能做不到。如果必须在斜坡上搭帐篷，那么睡觉时务必让头位于地势高处。想想你是更想要阴凉，还是更想晒太阳，想想拉开帐篷时希望看到怎样的景色。你更喜欢早上看日出，还是晚上看日落？如果有风，则选个靠近树篱、可以背风的地方搭帐篷。

5. 关于野营炉灶、抵达营地所需的时间，关于在营区安全生火的注意事项，你可以在网上找到很多专业建议。以防万一，随身带上一些预制食品，说不定到达目的地时你已经累得不想生火做饭，或是雨下得很大，无法生火做饭。

6. 最好为每一天的旅程都制订一份粗略的活动计划，比如登山、赏野花、森林浴和海里游泳。

采摘水果

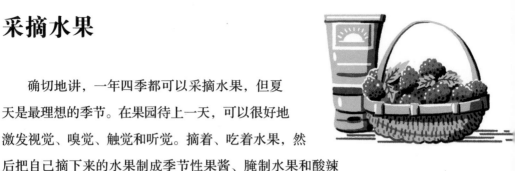

　　确切地讲，一年四季都可以采摘水果，但夏天是最理想的季节。在果园待上一天，可以很好地激发视觉、嗅觉、触觉和听觉。摘着、吃着水果，然后把自己摘下来的水果制成季节性果酱、腌制水果和酸辣酱，做这些事会带来独特的满足感。你需要查一下哪些是时令水果，去哪儿能找到这些水果。你可以在网上找到所在地区的相关信息。然后你就只需要了解该穿什么，该在旅行包里准备些什么了。

采摘前的准备

1. 确定自己穿的是不介意被弄脏的衣服，即使在夏天也要穿上长袜子，以避免被昆虫叮咬。
2. 用瓷杯或不锈钢水杯多装些水，以补充身体所需的水分。
3. 带上防晒霜、驱虫剂和工作手套，保护自己在采摘时不被刺伤。
4. 带上婴儿湿纸巾，用来擦黏糊的双手，务必把用过的纸巾扔进垃圾箱，而不是随手丢弃。
5. 带上装水果的容器，安全地把采摘的水果带回家。
6. 出发前了解一下果园接受的付款方式。有些地方只接受现金。

　　采摘的时候，只待在允许大家采摘的区域，不要误入其他区域，那里的植物可能正在生长。努力专注于采摘的那个时刻——关注周围的声音、景色和气味。把手机调至静音，然后放进包里，这样就不会想着去看手机；如此一来，你就可以把全部的注意力集中在蜜蜂的嗡嗡声和鸟儿的啁啾声上了。一旦开始聆听大自然的声音，你就会注意到这些声音多么丰富。

关于水果的速成课程

为了确保带回家的水果可以食用，这里提供了关于水果的速成课程。

1. 草莓在完全变红之前可以摘下来，但必须差不多全红。

2. 如果黑莓一碰就掉落，那就是最适合采摘黑莓的时节。

3. 树莓也是如此——当触碰树莓时，它们应该快速地从茎上脱落。

4. 梨应该在成熟之前采摘（也就是梨变黄的时候），然后放在室内，直到全熟。

5. 樱桃需要在颜色鲜艳、果肉厚实、有光泽且吃起来甜美的时候采摘！

当然，水果可以直接吃，但你也可能想烹饪加工水果。确保开始加工时所有的水果都已清洗干净。如果摘了不止一种水果，那么把它们分开，装在不同容器里，然后冷冻备用。

你在网上可以找到很多制作果酱、糖浆、酸辣酱和馅饼馅料的食谱及指南。

有人玩槌球游戏吗?

槌球游戏似乎老派过时，但非常适合喜欢低强度、低刺激运动的人。与高尔夫等其他低强度运动不同，槌球不需要购买或租赁若干高尔夫球杆，然后在球场上笨拙地移动它们，也不需要花钱成为俱乐部会员。业余槌球可以在任何大小合适的草地或草坪上玩，任何年龄的人都能参与。

槌球运动对身心健康有以下几个好处。第一，需要在户外待一段时间，希望现在你头脑里已经有关于户外运动好处的概念了！第二，不用担心受伤，因为它的强度较低，能够轻缓拉伸你的肌肉。第三，这是一种脑力游戏——有点像国际象棋，需要大脑的参与，锻炼战略思考能力并增强自信和自尊。第四，这也是一个社交游戏，有助于将人们连接在一起。

要了解需要什么运动装备，查看完整运动规则，可以在线访问专业网站并获得专家建议。玩槌球对人数的要求不高，少则两人，多可六人。每一方（或一支球队）有两颗球——蓝色和黑色对红色和黄色。简单地说，游戏目标是击自己的球，使其以正确的顺序在每个方向穿过六个铁环，并最终击中标杆。谁先用两颗球完成比赛，谁就获胜。

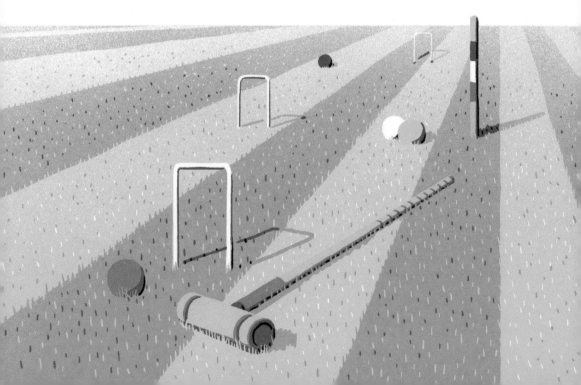

月光浴

　　长期以来，月光浴疗法一直被认为是可
以缓解皮疹、荨麻疹、高血压和炎症等症状的物
理疗法，但它对我们心理健康的影响也不容小觑。平静
的、清凉的月光放慢我们的节奏，舒缓我们的情绪，也让我们
做好成长的准备。在任何地方都可以进行月光浴，即便坐在家里，透
过一扇开着的窗户也可以。夏季是沐浴月光的最佳时期，理想的月光浴应该在新月
和满月之间的渐盈（渐亏）阶段进行。沐浴月光和接受其疗愈力量时，你可以坐着
或躺着，穿衣服或不穿衣服。月光浴帮助我们触及自身更具灵性的那一面，抚慰我
们的神经系统，鼓励我们停留在当下，同时也展现我们重要的基本情感。

　　记住月亮处于哪个阶段，因为不同阶段的月光影响我们的情绪和精神状态的方
式不同。新月时，我们的大脑会吸收更多的想法，储存更多的能量。满月让我们的
大脑更活跃、更有创造力。就像在狼人神话中一样，我们感觉更情绪化和更有野
性。新月是拥抱新开端、思考我们想要取得的成就、设定现实目标的时刻。满月则
给了我们机会，使我们反思自己应该感谢什么——如果我们学着认为自己是幸运
的，那么我们的自尊和满足感会增强。月光浴体验应该与冥想和一些瑜伽练习相呼
应。整理思绪时，睁开眼睛，专注于你的呼吸，观察你对月光的感受。

沉浸在薰衣草中

薰衣草不仅看起来漂亮，闻起来很香，而且是草本植物中的超级明星！薰衣草原产于非洲和地中海地区，但可以在全世界任何地方种植，从中提炼的薰衣草精油，在美容和治疗方面有多种功效，对我们的身心都有益处。人们很早就知道薰衣草具有消炎和杀菌作用，可以缓解头痛和消化问题；研究表明，薰衣草也可以有效治疗焦虑和失眠。我们有很多理由去体验薰衣草的神奇，游览薰衣草农场或薰衣草田就是一种特别好的体验方式。这些农场或田地一般都在乡村，而7月是观赏盛开的薰衣草的最佳时间。出发前，务必查阅所去农场或种植地的观赏规定——每个薰衣草游览地会有不同的游览规定，比如针对野餐和带宠物狗方面的规定。

种植薰衣草的速成指南

1. 薰衣草的花期是在暮春和夏季，所以4月或5月是种植薰衣草的最佳时间。

2. 薰衣草有很多品种，它们的尺寸、颜色和耐寒程度各不相同，种植薰衣草得了解并记住这一点。英国薰衣草更坚韧，气候适应性更强，这种薰衣草可以盆栽，可以花境地栽。它的叶子为银灰色，在夏天开出的花无论是紫色的还是蓝紫色的，都香味浓郁。

3. 在采光不错的花境或花床种植薰衣草，土壤的排水性要好。尽管英国薰衣草的抗性强，但它也不喜欢阴凉或潮湿环境，不喜欢黏性太强的土，而喜欢碱性土或白垩土，这是因为在冬天黏土保留了太多的水分。

4. 如果是在花园里种植薰衣草，那么植距约需90厘米。如果是种植紧凑的薰衣草树篱，那么植物间隔30厘米左右即可。

5. 如果你要用花盆栽种薰衣草，那么得确保盆底有大的排水孔。请使用壤土堆肥，在底部添加沙砾或石头。

6. 定期浇水——每周至少1—2次，盛夏提高浇水频次。

夏季压花

在夏天，我们可以看到大量绚烂的花朵。尽管花朵的精致、活力和鲜艳色彩无可比拟，但压花仍是一种延长鲜花保存时间的可爱方式，而且肯定可以继续点亮你的心情，装扮你的家。

你可以买一台花卉压制机，不过它价格不菲。你可以简单地买一些羊皮纸，按照下面的步骤，自己来压花。

自制压花机

1. 你需要一本大而重且不介意被损坏的书，还有羊皮纸之类的吸水纸（美术用品店或文具店会有这种纸），也可以使用咖啡滤纸或薄纸板。
2. 去掉多余的叶子，然后把花平摊在纸上。
3. 将花面朝下放在纸上，再在上面盖一张纸，然后把所有这些东西夹在书的两页之间，合上书。
4. 把书放在一个不会被翻动的地方，再压上一本厚重的书或几块砖，以增加压制的重量。
5. 三四周后，取出压制的花，在家展示它们。

制作仲夏花冠

　　在瑞典，冬春季天色较暗，白昼较短，人们在仲夏节庆祝夏至的到来。仲夏节最初是一种异教徒的仪式，但后来演变成一个节日，用以庆祝白昼更长、更亮，庆祝新生活并摆脱通常与冬天相关的消沉和抑郁。如今，不仅仅是瑞典人庆祝仲夏节，其他许多国家也遵循这一传统，用色彩鲜艳的夏季花朵和树叶制作仲夏节花冠。用新鲜芳香的花朵制作头饰令人愉快、富有创意、令人惊叹，同时也能很快带来好心情。你只需要大自然、修枝剪和一些细细的花线。

如何制作花冠

1. 在当地树林或公园里寻找一根掉下来的树枝。制作花冠的原理与做春日花环相同，不过，现在你只需要一根细而柔韧的树枝。

2. 选择你的花。精致的、色彩明艳的鲜花，比如矢车菊、玫瑰和非洲菊，都很不错，但还有其他很多种类可供选择，这取决于你的个人喜好，以及你是否已经有了一个配色方案。做花冠时一定要采集一些苍翠欲滴的绿色植物，把选好的花插到这些绿色植物里面。

3. 把树枝圈成一个适合自己头部大小的圆圈，然后用铁丝固定好每一端。确保把所有尖锐的端头都塞进树枝圈。

4. 小心地把花和绿叶编成一个个小花束，用铁丝系在花冠上。这些小花束，你可以想用多少就用多少，只要确保花的大致朝向正确（向外）即可。

搜寻西洋接骨木

　　也许你已经见过西洋接骨木这种植物。它开着精美的蕾丝状白色花朵，在春末夏初时装饰着树篱。你肯定会闻到西洋接骨木花甜美的、几乎像冰淇淋一样的香味。几个世纪以来，人们一直认为西洋接骨木花朵具有药疗作用，能够抗菌、消炎，与水混合后，是治疗普通感冒和某些类型关节炎的传统有效配方。据说西洋接骨木的花可以促进身心健康、改善心情。6月至8月，随身带着修枝剪或剪刀，出门寻找小西洋接骨木树吧；你能通过那独特的花朵和软木状的树枝，找到这种树。

如何采集并使用西洋接骨木花

1. 启程寻花之前，首先要确保你得到允许，可以在所选择的地点周围闲逛。

2. 最好知道自己想用收集到的西洋接骨木花做什么，比如想尝试什么食谱。你可以在网上找到很多点子，包括制作著名的甜酒和起泡酒，可为什么不尝试一下不太常见的西洋接骨木花奶油冻或冰淇淋呢？另外，西洋接骨木花和醋栗是一种完美结合，所以找一些醋栗和接骨木花酥皮水果甜点及果酱的配方。

3. 西洋接骨木的叶子有微毒，所以一片叶子都不要带回家。

4. 最好在连续两三天都是晴天之后，再去采西洋接骨木的花。尽情地闻一闻，确保它们香气浓郁，然后小心地剪掉花头——最好在12—18朵花之间——然后在香气开始消散前把它们带回家使用。

5. 不要洗西洋接骨木花，否则会把它们的香气和风味都洗掉。不过，一定要摘下任何残留的昆虫。

6. 开始加工它们！

池塘捕捞

　　池塘捕捞是监测池塘生物多样性、欣赏池塘居住物种的风采，并与自然界产生联系的好方法。运气好的话，你可能会发现在岸上游荡的、呈菱形的肉食性褐蜻，背着骨质盔甲的棘鱼，蜻蜓或豆娘稚虫，龙虱、水蛭或田螺。每种奇妙生物都有自己的作息规律，学着辨认它们，可以拓展你的关注面，使你更接地气，培养你的好奇心及对大自然的敬重。开展池塘捕捞活动之前，对附近的池塘和河流进行一些线上调查，看看你有可能在那里发现什么物种。

　　池塘捕捞不需要昂贵的专业设备。下面是一份列出所需的知识储备和设备的清单——其中很多设备，可能你家里已经有了。

1. 如果不会游泳，去超过5英尺（1英尺约等于0.3米。——译注）深的水域游玩时一定要带上救生衣。如果患有某种过敏症，去池塘捕捞之前，请咨询医生。

2. 务必穿上防水靴或防水鞋，再准备一些备用的袜子和用来擦手的毛巾。

3. 找到一张兜比较深的网——你小时候可能用过的抓螃蟹的那种网。如果还没有这样的网，那么可以在网上便宜地买到，也可以在钓鱼店买。

4. 你还需要一只筛子——用来筛面粉的那种。筛子可以用来探索池塘或河流底部的泥浆。

5. 要自制水族箱的话，一个大尺寸的食物容器就够用了。

6. 别忘了带一只放大镜，这样可以仔细观察水生生物。

7. 你还需要一本笔记本、一支钢笔或铅笔来记录你的每一个发现。

8. 要想拍照的话，带上相机或手机。

池塘捕捞时如何做到安全负责

接近池塘里任何植物或野生动物时，请始终带着敬意、常识，并了解哪些事能做，哪些事不能做。以下是几条建议。

1. 事先确定得到了池塘或湖泊所有者的捕捞许可。
2. 出发前彻底洗干净手，以免把有害物质带到水里。
3. 把野生动物带离其原栖息地的行为是违法的，所以你若只是出于观察的目的临时采集野生动物，观察完之后务必把它们放回同一池塘，这样做也可以防止细菌传播。
4. 水里有各种细菌，请务必戴上防水手套，并在伤口或擦伤处贴上防水创可贴，以防感染。
5. 回到家后仔细把手洗干净，洗完手之前不要用手摸脸。
6. 用像塑料勺子或软漆刷这样安全的工具移动池塘植物、野生动物。切勿使用锋利的设备或像吸尘器似的吸液管。
7. 出发前做些功课，以便能识别肉食性和食草的动物，把它们分别放在不同的容器中。如果把它们放在一起，其中一个可能会吃掉另一个！一般来说，野生动物在收集盒里不要放太久。
8. 完成对容器中野生动物的观察、拍摄和记录后，确保它们全部被放回你在其中发现它们的原池塘。把装野生动物的容器放置在水下，直到里面的野生动物全部消失在池塘里。
9. 回家后，彻底清洗双手、捕捞网、容器、手套和任何安全工具，以避免细菌传播。

观察蝴蝶

　　自然界所有非凡的野生动物中，蝴蝶是最精巧、图案最精致的，它们优雅而敏捷。蝴蝶是夏季的象征，是大自然美丽的见证，也是蜕变的象征。也许这就是瞥见一只飘逸的蝴蝶飞过，能让我们感到轻松、快乐、更有希望的原因。而且，观察蝴蝶对我们的神经系统有好处；它是一个天然的心脏起搏器，让我们的节奏慢下来，鼓励我们对自然界感到惊奇，并心生谦卑。任何人都可以学会辨别许多不同种类的蝴蝶，仅在英国就有 60 多种蝴蝶。这项活动不需要特殊设备，不过强烈建议你咨询专业人士或查询网站，创建一份蝴蝶观察清单。接下来，你所需要的就是时间、敏锐的眼睛和一点耐心。

如何观察蝴蝶

1.　找一处自己可以观察研究蝴蝶的花园、公园、田野或自然保护区。

2.　对这项活动来说，肉眼观察就可以了；不过你若是决定使用双筒望远镜，便宜的望远镜就够用了。

3.　蝴蝶非常难以捉摸，所以要找到并识别所有不同种类的蝴蝶，需要花费数年的时间。如果在最初的几次尝试中只看到很少的几个种类，甚至只看到一种，不必感到沮丧。不用着急，只要随身带着那份标注着颜色、尺寸、形状和特点的蝴蝶清单就好。

4.　蝴蝶看到阴影会被吓跑，所以找到蝴蝶的最佳时间是一天中阴影最小的时候。站在一个你不会留下阴影的位置，不要有任何突然的动作，否则蝴蝶会很快飞得无影无踪。

5.　如果是在自己的花园里观察蝴蝶，请记住，花园里种的植物类型将决定蝴蝶是否会来。醉鱼草、牛至和紫菀等植物都如磁铁般吸引着蝴蝶。

看 云

没错，看云是一件正经事！关于我们头顶上那些形状奇怪的、美丽的、蓬松的云，有很多需要了解的，而且看云是最简单的事。我们只需找一个能畅通无阻地看到天空的地方，坐下来观看就可以了。

低云由微小的水滴形成，较高的云则由冰晶构成。云有十种类型，这是根据其外观、形状（有些云是一层层的，有些是单独的团块）及其在天空中所处的位置（低、中或高）进行分类的。如果访问气象网站，那么请找一份内容全面的观云指南，其中要包含关于如何看云的信息。学会区分积云和积雨云，可以增加你对所处世界的敬畏。

一旦你学会了识别不同类型的云，你看天空的视角就会不同。这些知识鼓励人们从全新的层面欣赏大自然。对于观察天气的人来说，识别天空中的云——比如卷云和高层云——使人对何时会下雨或天气变暖更有概念。研究各种云以及它们的外观意味着什么，在手机里创建并保存这么一份观云图集。

与蜜蜂交朋友

我们很多人都或多或少认为蜜蜂有致命的刺，是挺讨厌的昆虫，想摆脱蜜蜂。不过，现在情况完全改变了，我们知道蜜蜂正濒临灭绝。蜜蜂在自然界和我们的生活中扮演着至关重要的角色；蜜蜂是水果、坚果和蔬菜的超级授粉者，没有它们，我们的食物供应就会受到威胁。我们需要蜜蜂，蜜蜂也需要我们。养蜂的同时，我们也在改善自己的心理健康状况；研究表明，养蜂能显著缓解焦虑、抑郁等症状，甚至是创伤后应激障碍。养蜂可以减轻我们的压力，我们也因此而发挥社区功能和环保精神。

养蜂是一项非常有益的活动，适合有着不同年龄和财务预算的人。你如果对着手养蜂感到紧张，那么可以先去参观一下附近的养蜂场或养蜂设施，你可以在市区的公园和乡村地区找到它们。注意照顾蜜蜂时的宁静，并为这些重要昆虫的特征和社会等级而惊叹。

蜜蜂世界由雌性主导。蜂群由一只蜂后、数百只雄蜂和数万只工蜂（最多约 50 000 只）组成。工蜂就是我们常在户外看到的那种蜜蜂。蜂后个头比工蜂大，寿命约 3 年。蜂后在有生之年会产下 50 多万枚卵，与大约 6 只雄蜂交配，这些雄蜂一旦完成使命就会死去。然后蜂后嗡嗡地飞回蜂巢，在那儿工蜂为它服务。

学习蜜蜂知识是开启养蜂生活的一个良好开端。无论是在线上网站还是在线下农场，你都可以从专家那里学到很多关于蜜蜂的知识，不过下面有一份可以

让你开始养蜂的实用清单。

关于养蜂和酿蜜，你需要了解的事项

1. 如果愿意且能够建自己的养蜂场，那么你需要买一只蜂箱。对于初学者来说，
   最佳和最简单的是选择一只现代标准蜂箱，它类似于一只棕色的
   纸板箱。如果想要更传统的蜂箱，那就选一只通常是双层的白
   色 WBC 蜂箱，这种蜂箱使用起来有点复杂。

2. 你还需要防护服、手套、面纱和鞋。在网上找找包含所有这
   些必需品的套装——有很多便宜的套装可供选择。

3. 当然，你还需要蜜蜂！和当地养蜂人协会联系，看看谁会出
   售蜜蜂，或者在拍卖会上买蜜蜂——你只需要在分类广告中寻
   找下次公开拍卖的信息。要是你初学养蜂，切记蜜蜂和人类一样，
   有着不同的性情。买蜜蜂之前，请养蜂人给你找温和而不是更具侵略性的蜂群。

4. 你还需要为蜂箱买一个喷烟器，它能够模拟森林大火，向蜜蜂发出信号，告诉
   它们应该外出觅食，让你可以安全地打理蜂箱。养蜂还需要一件蜂箱工具，以
   便撬开蜂箱隔间。

5. 虽然大多数时候可以让蜜蜂自行工作，但天气暖和时，你
   应该彻底清洁蜂箱，检查蜂后是否在产卵，确保储备足够
   的蜂蜜。蜂群将快速增长，一直到 7 月前后；一不注意，
   蜂箱就可能变得拥挤不堪。如果出现这种情况，那么蜂后
   可能会带上它的雄蜂们去其他地方建立新领地。

6. 8 月，大多数花朵都已盛开，是采蜂蜜的时候了。你最多可以收
   获 40 磅蜂蜜（1 磅约等于 454 克。——译注）！秋天，一定记得给蜜蜂喂含
   糖溶液替代品，以补偿蜜蜂的损失。

观察昆虫

昆虫也被称为节肢动物，它们名声很差，会受到无理指责。作为成年人，我们习惯于把昆虫视为讨厌的东西，而不觉得昆虫其实是对环境真正有益的生物。我们对昆虫有些神经质的敏感，是一种从婴儿期到成年期的成长过程中习得的反应。我们还是儿童的时候对昆虫没有成见；事实上，那个时候，我们总是觉得昆虫引人入胜，常常乐滋滋地看上几个小时。现在是时候再次引导这种好奇心了，因为观察昆虫可以让我们看到世界的色彩、令人惊异的形状、有趣的行为和节肢动物的多样性。我们花些时间研究昆虫后，可以发现昆虫是如何蜕变和适应环境的，并了解它们如何作为生态系统的一部分而发挥作用。重要的是，通过观察昆虫，我们与大自然产生连接，培养自身的环境意识，学习昆虫的交流、组织和适应能力。对昆虫的一点研究，就可以让我们真正了解杀虫剂的使用和气候变化等因素对自然界中这些重要角色的影响。

迈出这一步，你会发现自己从未见过的各式各样的昆虫。要想真正拓宽知识面，可以留意那些不熟悉的昆虫，比如有着橙色和棕色莫霍克发型的古毒蛾毛毛虫、池塘和湖泊附近出没的美丽的翡翠豆娘、十六斑黄菌瓢虫、紫缘步甲、绿虎甲、山蛩虫或泥蛉。从整个夏天一直到秋天，你都可以找到这些昆虫，还有许多更鲜亮的昆虫。

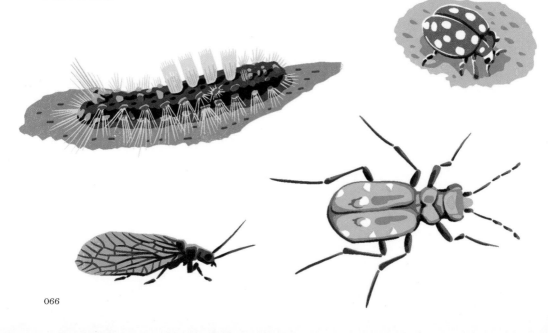

观察昆虫的注意事项

1. 有一些靠谱的自然观察网站，会告诉你关于昆虫的所有需要了解的信息：特征、颜色，以及何时何地能发现它们。开始观察昆虫之前，用这些信息做好功课。

2. 若想抓些昆虫做更深入的观察，则需要一些容器。透明塑料容器或用橡皮筋扎着纸盖的玻璃罐就可以，只要里面有足够的空间让昆虫活动。一定要在容器上打孔，以便昆虫呼吸；还要让容器保持湿润，在容器内喷水，或者在其底部放一块潮湿的海绵。

3. 若是使用放大镜，你可以研究昆虫更多的细节。

4. 别把抓获的昆虫关得太久——10分钟到半小时足矣——然后把它放归原处。

观察蝙蝠之旅

你可能会认为蝙蝠是恐怖电影中的素材，满月时在鬼屋周围盘旋，但蝙蝠可是一种做了很多好事的动物。如果你在夏天比较容易招引蚊子，那么你要知道，没有蝙蝠的话情况可能会更糟，蝙蝠的使命就是捕捉并吃掉蚊子，每只蝙蝠能吃掉多达70 000只的蚊子。蝙蝠身材娇小，通常很可爱。在夏天观察蝙蝠越来越流行了，而且以能在男女之间引发浪漫的故事而闻名。建议你第一次约会就去观察蝙蝠，这可以很好地培养双方之间的默契和平静，在你接触大自然时创造出一种神奇的体验。

事先研究你可能发现的蝙蝠种类，出发时随身带着这些信息。在建筑物密集的地区，你会发现伏翼属的蝙蝠，这是一些在日落前后飞出来的蝙蝠。你得了解你选择的那一天的日落时间。

开展观察蝙蝠之旅前需要知道的事

1. 你需要穿上舒适的、防水的衣服，并确保带着手电筒。

2. 你很容易就能找到有组织的观蝙蝠活动，不过也可以自己设计。如果住在市区，那么去调查那些穿过河流或运河，或者沿着河流或运河生长的植被区（树木成荫的地方或公园）。虽然蝙蝠也聚集在建筑物内，但那儿的蝙蝠很难接近。住在乡村的话，地方更开阔，你可以沿着树林边缘或林中小路散步。通常，有很多昆虫飞来飞去的地方就会有蝙蝠。

3. 5月至9月最容易看到蝙蝠。一天中最容易发现蝙蝠的时间是黄昏，我们透过树木看天空，可以发现蝙蝠的剪影。如果可以的话，挑个不下雨的夜晚去看蝙蝠；蝙蝠不怕雨，但你的观察蝙蝠之旅会更愉快。如果沿着河边或运河边走，用手电筒照水面，可以看到蝙蝠被光线引着盘旋。

照顾青蛙

　　青蛙和蟾蜍喜欢在水中或水边生活，任何有池塘和湖泊的地方都有它们的踪影。保护青蛙和蟾蜍的生存环境是既有益于我们的生态系统，又能让自己心理健康的一种好方法，这是因为我们在保护自然时也会产生宝贵的使命感。

　　青蛙对于我们的生态系统和健康来说至关重要。它们有助于控制昆虫数量，是大型野生动物的重要食物来源。青蛙通过皮肤分泌种种物质，科学家用其中一些生产抗生素和止痛药。有些青蛙有毒，所以不应该在没有保护的情况下触摸青蛙，也应该让宠物远离它们。

　　青蛙为了避免被吃，总是在蹦跶；它们也是装死专家，并进化出了聪明的伪装术。纳特竖蟾又称"四眼蛙"，其头部有两只眼睛，靠近后腿的位置有两只假眼（斑点），这让它看起来更像一种捕食性动物。青蛙越来越受到环境变化——水污染、气候变化和酸雨所带来的威胁。许多城市公园和湿地中心为青蛙提供了安全的生活空间，并通过解说牌指示可以看到青蛙的地点。如果你没有花园，担心踩到青蛙或毫无预兆地碰到它们，那么这些都是在更可控的环境中观看青蛙的好地方。但如果你自己有一座花园，那么可以在花园池塘里为青蛙建造一个家。下面是可以做的事。

1. 确保花园池塘在阴凉处，但周边不要有太多悬垂的树木，因为青蛙需要一些阳光才能生存。
2. 池塘的理想深度为 2—3 英尺，边缘较浅，这样青蛙能够轻松进出。
3. 水里种植浮萍、睡莲和驴蹄草等植物；池塘边也种植植物，为青蛙创造完美的繁殖环境。
4. 一旦青蛙开始产卵和繁殖，就不要把它们移到新池塘了，否则会有传播细菌的风险。
5. 在开始为青蛙建造一个家之前，一定要研究一下自己可能需要的防护服或设备。

观察日落

所有自然景观中，日落可能是最壮观的，尤其是在海上看日落，或者看太阳慢慢沉到山后面的时候。日落有着改变我们情绪的力量，能把日常的压力和焦虑推得更远，并激励我们；这是因为我们接受了比自己强大得多的东西的力量，远远地就感受到它的存在。

红色和橙色是日间的蓝光散射，只留下红光的产物——记住这一点会增加敬畏之情。在夏季，白天更长，天空更晴朗，这是把观察日落作为日常生活一部分的最佳时期。跟着以下注意事项来获得神奇的体验吧。

1. 日落西方，所以现在是训练方向感的时候。如果你不能出门，而且住在一幢西边有高窗的房子里，那么可以在室内观看日落。

2. 查查太阳快要下山的时间，并确保自己处在合适的位置。记住，永远不要直视太阳。

3. 如果选择在户外，在水上或水面附近观看日落，那么水面反射的太阳光能增强我们的视觉体验。如果住在湖、河或海附近，就在那里享受真正神奇的日落体验吧！

4. 利用你观看日落的神奇体验，激发自己对大自然之美的感激之情。这为我们看待周围世界以及我们在其中的位置提供了重要的视角。

野　餐

　　夏天随便什么时候在户外用餐，都是一种极好的体验。举办一次户外晚宴，可以为美好的夏日画个圆满的句号。并不是每个人都拥有私人花园，即使没有花园，也可以在户外享用美食。方法见下文。

1. 如果你住在城市，那就查一下当地公园的闭园时间（通常天黑后才闭园），再查看天气，避免雨天或阴天傍晚去公园。

2. 如果你是组织者／主持人，预算也充足，那么买些当季的野餐食品。可以把野餐食物当自助餐来分享，创造一种更为随意的用餐体验，在那儿每个人都可以一边吃东西，一边聊天。

3. 预算有限的话，可以试试"百味"晚餐，也就是每个客人都带一份食物和饮料。你如果是在自己的花园里，那么可以提供餐桌椅，不过坐在地上能够更亲近自然，体验更好。

4. 如果天气干燥、温暖，那么随时都可以在户外用餐，体验早餐、午餐或下午茶。你可以自行决定是独自享受户外用餐，还是与家人和朋友在一起。

5. 为避免蚊虫叮咬，可以穿长袖的衬衫或 T 恤，遮住腿和脚踝。如果觉得穿长袖衣服太热，那么就买品质可靠的驱蚊剂；对虫咬过敏的话，要备好抗过敏药物。

做自然保护志愿者

带着你对非凡自然世界的探索发现，以及自然对你的健康产生的正面影响，你可能已经准备更积极地参与保护自然了。无论你对动物、植物和气候变化中的哪一方面有特别的兴趣，都有适合的志愿者计划。你可能需要等待一阵子才能有一个做志愿者的机会，这个过程会给你带来一些期待。

国内和海外都有志愿者项目。如果想把旅游与参与保护自然结合起来，那么可以前往一些位于非洲或南美的遥远国家。看世界的同时致力于全球环境保护，这可能是改变一生的体验。不过，如果你更爱宅在家里，那么可以在自己的国家做很多自然保护方面的事情，下面是一些思路。

1. 通过注册成为自然保护区管理、植物鉴定或 GPS 制图等方面的志愿者。

2. 成立野生动物观察小组，邀请朋友或青少年一起保护周边的自然环境。

3. 物种调查——寻找水獭或观察海豹，向专家请教这些动物在河流和海洋中扮演什么样的重要角色。在红外相机、无人机拍摄的照片中识别它们，也可以为保护做出贡献。

4. 观察刺猬，抓鼻涕虫，完成对扁形虫或农场野生动物的调查。报名协助当地公园的维护工作或森林恢复项目，这些活动对于不能远行，但又想参与自然保护，想花更多时间在户外的人来说，是理想的选择。

5. 被困在家里无法出门的人或残障人士，可以提供自己的 IT 技术、管理或财务技能来帮助这项事业，以此做出宝贵的贡献。这意味着你可以在家工作，并仍然从帮助保持自然世界的繁荣和健康中获益。

夏季的记录

　　夏日将尽，我们会有些忧郁或情绪低落。这可能与童年经历有关，那时漫长的暑假是一段用于娱乐、玩耍和家庭团聚的时光。在夏天，童年的我们通常与所爱的家人共度数周，在户外晒太阳，没有学业带来的压力和紧张。对许多人来说，夏天结束意味着要开始更有条理的、没那么放松的日常生活了。世界似乎变得有点黯淡，我们可能会感到没那么多可期待的事了。

　　有助于对抗夏末忧郁症的一个方法，是通过看照片和视频记录回顾这个夏季。漫长而干燥的夏天为拍摄每日记录提供了足够的机会，许多人的手机就配备了先进的摄像头，拍摄夏季体验太轻而易举了。和春季自然之旅的记忆一样，我们可以用照片墙或脸书专用账户制作一部夏季专辑，或简单地把夏日回忆留给自己。记录每一次户外体验的感受，及其可能对我们的身心健康产生的影响，还有那些特别令人开心或着迷的细节，这些都很有用。任何让我们走出舒适区、给我们的身心带来挑战的活动，无疑都将教我们一些有用的东西。

充分利用你的照片

1. 开始活动之前，确保相机已充电。可以带一本笔记本，记下重要的想法或感受，或者用手机的笔记功能做记录。

2. 想想所有的感官，留意任何让你在路上停下来，或带来平静和幸福感的事物——这些就是让你想要停下来拍摄的事物。它可能是早晨鸟鸣的声音，可能是你看到的壮丽的树、盛开的薰衣草，甚至可能是一只慢慢地穿过小路的蜗牛。你可能还想在不同的地点拍照，以此帮助自己记住探索时的感受。

3. 注意观察天空、草地的颜色，树叶的鲜绿色，以及这个季节盛开的异常美丽的花朵。

4. 在几个不同的地点捕捉夏季落日，注意每次日落时色彩的变化。

秋　季

秋日疗愈

随着夏末的到来，大自然开始再生。种子和叶子从树上掉下来，被土地吸收回去，滋养了土壤，创造了新的生命。夏天是秋天那注重享乐的表亲，从 6 月初到 9 月，它展现出灿烂的、充满活力的色彩。在夏末，大自然需要安静下来，开始休息。空气需要净化，野生动物、花朵、草和树叶也要适应即将到来的漫长冬季。秋天是大自然裸露自己的时候，通过这种方式，它呼应了我们自己的周期性过程：此时我们会感到失落和忧郁。我们的行动变慢，太阳变暗，夏季普遍存在的空气污染已经影响了我们。就像一棵叶片凋零的树一样，在秋天的几个月里，我们在情感上更加脆弱和暴露，我们自然而然地渴望安慰。

当我们真正想做的只是蜷缩在室内读一本好书时，我们很难感到有动力，但花时间参与周围的自然疗愈也会治愈我们。是时候为冬天做温和的准备了，我们要专注于促进身心健康。

如何练习秋日疗愈

1. 练习呼吸。设置闹钟，趁着万籁俱寂的时
    候起床，找一个熟悉的户外空间（你的花园、
    庭院、田野或公园），花时间在凉爽的空气中轻
    轻锻炼肺部。以舒适的姿势坐着或站着，适度
    地深呼吸。注意空气进出肺部时的感觉。重复
    深呼吸，这一次让胃随着吸气而收缩，随着呼气而舒展。
    在这个练习中，试着让这样的呼吸方式持续（不间断）至 10 分钟。

2. 选择能增强和扩张肺部的运动与活动，如游泳或唱歌，这些将有助于打开胸部
    和肩膀。你会感觉到身体越来越强壮，同样重要的是，你会感到焦虑、压力或
    悲伤在减轻。

3. 吃可以滋养肺部的东西。肉桂、生姜、杏仁、
    辣椒和大蒜等味道浓郁的天然食物非常
    重要，它们可以清洁我们的肺部和消化
    系统，增强肾脏和肝脏功能，刺激健康
    的血液流动并保持心脏健康。

4. 注意我们每天的感受，这样有助于理清思绪，减
    轻负担。首先，没有什么感觉是"消极的"——我们对季节、人际关系和环境
    的变化做出情感反应是至关重要的。没有什么感觉是好的或坏的，通过用这种
    方式尊重自己，我们增强了自己的韧性，为每一天所带来的一切做好准备。在
    外在世界似乎不那么热情的季节，这一点尤为重要。秋天在那里拥抱和治愈我
    们——我们所要做的就是适应并拥抱它，以此作为回报。

拥抱秋分

秋分出现在每年的 9 月，是一年当中太阳平均照射在南、北半球，影响月亮和星星，发出独特光芒的两个时刻之一。在非基督教的传统中，秋分是对丰收的庆祝，重点是分享地球馈赠的果实和社区庆典。在日本，秋分以一种名为"彼岸"的仪式为标志，该仪式持续 7 天，是哀悼和缅怀逝去的朋友与家人的时刻。

离秋分点最近的满月被称为收获月，之所以这么叫，是因为从历史上看，它发出的光意味着农民可以工作到很晚，从而带来收获。由于秋分的日期每年都不尽相同，请检查时间，然后确定日期，观看辉煌的收获月。对于北半球高纬度地区的天文爱好者来说，秋分意味着很有可能看到北极光。

无论感受如何，请记住，秋分是一个理想的时间，我们可以放慢速度，专注于清理我们的生活并进行反思。我们需要利用这段时间照顾好自己，为即将到来的冬天做准备。抽出时间欣赏秋天灿烂的金色、红色和棕色，并感谢你所拥有的，你会获得一种平静和愉快的感觉。它提醒我们，即便面临各种挑战，我们也可以找到快乐和积极性。

秋分菜单

通过烹饪温热的、有营养的饭菜来庆祝秋分，充分利用秋季的水果和蔬菜。以下是一些能给你带来启发的小技巧。

1. 注意外表颜色鲜艳的食物，并将它们融入你的饮食。试试南瓜、胡萝卜和甜菜根等蔬菜，它们都含有重要的抗氧化剂、维生素 C 和花青素——维持我们免疫系统和循环的化合物——此外还有苹果等时令水果。花点时间做暖胃的汤、蛋奶酥或冬季沙拉。

2. 用生姜、姜黄和辣椒等香料让身体充满活力。这些东西都是很好的增强免疫力的食物。

3. 每年这个时候你都会发现大量的黑莓。它们不仅黑而漂亮，而且是维生素 C（对抵御细菌很重要）的极好来源，是一种温和的抗炎药，一些研究表明它们也有助于稳定血糖。用这些多用途的水果可以做出很多美味的花样——冰淇淋、果脯、酥皮水果甜点。早上把它们加入粥里，会让早餐和心情都变得明亮。

把秋季的凋落物做成珍宝

在所有的季节中，可以说秋天创造了最引人注目的视觉盛宴。红色、铁锈色、金色和棕色交织在一起，形成了壮观的色彩蒙太奇。随着天气越来越凉爽，早晨越来越冷，霜冻的景象颇为神奇。

我们可以通过欣赏这些丰富的颜色、散落在地上的欧洲七叶树果实和橡子、形状令人难以置信的树叶来对抗夏末的忧郁，即使在潮湿、雾气蒙蒙或满地泥泞的时候，它们也会令人惊叹。秋天的珍宝被用作装饰，或者被拍摄和装裱后，也会给你的家带来舒适和温暖。探索你的创造力，尝试这些将秋季珍宝变成艺术品的方法。

1. 收集橡子，令其干燥，然后摆放并粘贴在现有的照片或相框周围。你也可以用颜料或墨水来增加一些颜色。

2. 如果准备做一些前卫的东西，那么花点时间收集不同的叶子，然后用喷漆在它们的尖端添加银色、金色、粉色或蓝色。将叶子排列并压在有机玻璃相框内。

3. 筹备秋季晚宴时，在一只浅碗里装上一点水，然后把叶子放在上面。在碗中央放一支茶烛并将其摆在桌子上，为节日带来秋天的温暖。

4. 想制作出华丽的窗户装饰，可以轻轻地在叶柄上扎一个洞，用棉线从中穿过，然后用可重复使用的黏合剂或油灰将它们粘在窗户顶部。在阳光明媚的日子里，透过金色和红色树叶的光线会创造出令人舒适的秋光。

5. 用闪粉喷雾给叶子添加一些闪光，可以把它们挂起来，也可以把它们撒在柜台和桌面上，创造出自然的魅力。

6. 欧洲七叶树果实是一种很好的香熏干花替代品，可放置在浴室或卧室作为装饰。把它们放在一只大小合适的金属或陶瓷浅碗里，最好是一只与它们的颜色和质地形成对比的碗。

树叶灯笼

你可以用树叶、防油纸、一点胶水和电子蜡烛制作华丽而安全的树叶灯笼，以下是制作方法。

1. 收集叶子——不同大小和颜色混合的效果最好——夹在旧报纸之间晾干。
2. 请使用管状容器的盖子做灯的底座，咖啡罐盖或奶酪容器有着理想的尺寸。
3. 拿两张防油纸。对它们进行裁剪并卷成大小合适的纸管，以与底座相匹配，然后把一张纸放在另一张上面。这使遮光罩的厚度增加了一倍，让它更加坚固。
4. 现在，把两层纸平放，小心地把叶子粘在纸上任何你中意的位置，放置得越随机越好。
5. 等胶水干了，小心地把纸卷成管状，然后把两端粘或订在一起。
6. 把遮光罩的底部粘在底座上，然后晾干。
7. 小心地将电子蜡烛放至底座中央。请确保在需要时可以轻松地将其移除。

在城市果园里当志愿者

与社区园艺一样，学习种植、培育果树和收获水果为我们提供了宝贵的益处与技能，其中包括通过积极的栽培、体能锻炼和团队合作来欣赏大自然。作为园艺合作社的一员去工作，可以激发我们的社区意识，并让我们参与一项非常令人满意的活动——这项活动鼓励我们超越自我，审视自然世界的全貌，以及它对我们的生活和福祉的至关重要性。

一些果园项目通过种植、采摘水果，用水果为社区中有需要的人提供食物。其他项目则将未充分利用的土地变成绿地，为城市地区带来自然，为居民带来快乐，否则他们可能很少接触到自然。无论目标是什么，在果园志愿担任园丁都会带来好处，比如成就感和自尊的提升，以及你对社区的感激之情的增加。如果感到被孤立或孤独，那么加入果园团队将帮助你与来自不同背景的各种人建立和形成联系，将友谊带入这一项宝贵的生态活动。

活动内容

1. 你将在住宅区、公园、监狱、医院、学校和其他公共场所帮忙照料社区果园。

2. 有许多组织能够为你在园艺、管理、水果加工、收获，以及识别苹果和梨的技能方面提供培训与支持。这有助于你提升自力更生的能力。

3. 这是一次有机作物病虫害防治教育。

4. 作为公共果园种植团队的一员，你将使这个空间成为社区生活的焦点和对自然感恩的场所。

5. 你将学习如何把果园里的产品变成市场上的食物。

　若是感觉在果园做志愿者太难了，你仍然可以享受果园收获的果实。尽管大多数水果在夏季成熟，但在 9 月和 10 月，当季的苹果、接骨木、李子、树莓和草莓仍然很美味。在 11 月，有大量的当季苹果可以食用。告别超市，体验在最近的果园亲手采摘水果的乐趣吧！

在康复农场帮忙

康复农场是所有年龄段的、具有不同能力和背景的人参观或志愿服务的好地方（康复农场是面向特殊人群的场所，比如自闭症谱系障碍儿童、有心理或品行问题的青少年、老年人等。康复农场的活动通常包括种植农作物、照顾牲畜，目的是为了促进身心健康和社会福祉。——译注）。众所周知，与动物相处可以降低焦虑，增强独立性和成就感。动物会对善意和照料做出反应，而不是对你的身体或心理特征做出反应，它们温柔、友善的天性能带来抚慰和快乐。

全国各地都有康复农场，许多城市农场也起着康复农场的作用，所以不必长途跋涉就可以参与其中。你决定尝试一下的话，可以看看这里列举的一些好处。

1. 在康复农场帮忙带有社交性质，是受社区群体驱动的。要是你感到孤独，或者害羞或内向，在康复农场做志愿者会让你和志同道合的人聚在一起，实现一个真正有价值的目标。学会一起照顾动物提供了一个即时的对话起点，如果你不是那种健谈的人，那么在友好的沉默中工作也是一种缓解压力的活动。

2. 你可以近距离观察兔子、山羊、鸡、马和猪等动物。你将学习如何理解它们的行为和需求，了解它们的性格，学习如何与它们相处，并为它们对你日益增长的信任而感到高兴。

3. 花时间在户外总是一件好事，尤其是在没什么污染的地区。新鲜空气和锻炼，以及从照顾其他生物中获得的独特成就感，将对身心产生显著的积极影响。

时机成熟时，调查当地的康复农场；如果愿意去更远的地方旅行，那么你也可以调查所在地区以外的农场。申请担任志愿者可能会有一段等待审核的时间，如果真的需要等待，就把它看作一件值得期待的事情吧。

毛驴疗愈法

这些强壮、聪明、善良、冷静的动物是安静的超级英雄。毛驴可以活 50 年。它们非常强壮——事实上，比同样大小的马还要强壮。它们有着令人难以置信的记忆力，能够认出地点，以及几十年未见的其他驴子。除了这些超级能力，研究表明，毛驴还是极具疗愈作用的动物，对于存在身体和精神残疾的人，以及饱受抑郁、焦虑和失智等问题折磨的人来说尤其如此。对于患有阿尔茨海默病的人来说，与毛驴相处有助于减少隔绝感和孤独感，以及与这种疾病相关的痛苦。与毛驴互动真的是一种有许多益处的经历，也是一种可爱而舒缓的户外体验。

你可以参观毛驴养殖场，如果有预算，也可以雇一头毛驴来看望你。尽管在海滩上骑驴的机会比以前少了，但如果上网做一些调查，你仍然可以找到骑驴的乐趣——包括寻找的乐趣，以及去附近的毛驴养殖场参观的乐趣。

观察椋鸟群飞

椋鸟群飞是指成群的椋鸟聚集在一起俯冲，在天空中形成剪影，构成壮观的形状。对于椋鸟为什么通常在 10 月中旬至 11 月中旬举行这种令人惊叹的仪式，有各种各样的解释。比如说，待在群体中可以确保安全，群飞是针对隼等肉食性鸟类的自我保护措施；聚集在一起的椋鸟对敌对鸟类有干扰作用，使自身很难单独成为目标；依偎在一起也能让它们保持温暖，据信它们还会交流有关觅食地点的重要信息。集体进行旋转和俯冲，似乎也是椋鸟在夜栖前的例行功课。即使没有任何明确的功能，椋鸟群飞也是一道风景，是一场可爱的鸟类戏剧表演。如果你想努力在这个季节看到这样的场景，以下是你应该知道的。

1. 随着秋天的临近，越来越多的椋鸟聚集在一起群飞。因此，如果想看到规模最大、最具戏剧性的表演（有时多达 10 000 只鸟），请将时间安排在 11 月下旬。
2. 发现它们的最佳时间是黄昏前。你不需要任何特殊的设备，只要用肉眼就足够了。
3. 椋鸟往往栖息在有遮蔽的地方，躲避寒冷、恶劣的天气和猛禽。晚上，它们可能会前往林地、悬崖或高大的工业建筑。白天，树梢是它们最喜欢的地方，它们可以站在上面，俯瞰全景。

打太极

　　有氧运动对身心健康有好处。运动时产生的内啡肽会让我们感觉更积极、更有活力，我们也可以睡得更好。但专注于核心力量，能够改善姿势、灵活度和呼吸的低强度运动，也有重要的心理益处。

　　在大自然的包围下进行户外锻炼，是让自己感觉良好的好方法。太极是一种古老的武术和自卫练习，通常被称为运动中的冥想。这是一种理想的户外运动，非常适合天气稍微凉爽一点的时候。如果不喜欢高强度的跑步或骑自行车，但想变得身体更健康、精神更强大，那就去上附近的太极课吧。与此同时，去了解一些关于打太极有哪些作用的知识。

太极如何促进心理健康

1. 生活可能很忙碌，抽出时间放慢速度，通过太极的动作按下身体的重置按钮，可以缓解压力和焦虑。
2. 有分寸的、经过控制的动作让我们对自己的身体感觉有了至关重要的认识——这能使我们平静下来，感觉更稳定、更可控。
3. 我们的身体和思想经常不同步，但太极能在它们之间创造和谐，使我们更冷静、更理智，与自己融为一体。
4. 通过太极发展的核心力量给精神赋能，能提高我们的韧性和智慧。

户外习练瑜伽

瑜伽是享受大自然的另一种美妙运动。瑜伽类似于太极，也是一种缓慢的习练冥想的运动，瑜伽呼吸法让你脱离交感神经系统（"战或逃"模式），进入副交感神经系统（休息和消化模式）。瑜伽也让你"集中"意识，帮助你释放愤怒和悲伤等负面情绪。

你可以找到几种适合户外习练的瑜伽，这儿介绍一些帮助你起步的瑜伽体式。

1. 三角式：这是最流行的全身瑜伽体式之一，是在轻轻扭转上身的同时充分伸展腿和手臂。这个体式需要空间，户外是习练这一体式的理想场所，户外的新鲜空气也有助于呼吸。

2. 拜日式：该体式的初衷是向恢复我们健康的太阳致敬，因此顺理成章地在户外习练，它是一系列旨在加强四肢和核心（脊椎和骨骼）的热身体式。

3. 低弓步势：它被认为是哈他瑜伽训练中最自由（放松）的姿势之一。它是伸展髋屈肌、缓解紧张和改善姿态的绝佳体式，也是散步、徒步或跑步前非常不错的户外热身体式。

养一只宠物

　　照顾家畜对我们的心理健康有好处，原因有很多。宠物已经进化到能够适应我们的情绪、声音和肢体语言；当我们感到悲伤或担忧时，很多宠物都能感觉到，并给予安慰。虽然大多数人选择猫狗作为宠物，但也有其他许多选择。兔子、仓鼠、豚鼠和鱼都可以养，通过照顾它们，我们能以最令人愉快的方式将注意力从自己身上移开。以下是养宠物的好处细目。

1.　与没有宠物的人相比，宠物主人患抑郁症的可能性更小，血压也更低。
2.　和宠物玩耍时，你的血清素和多巴胺水平会升高。这些激素会让你感到更快乐、更放松。
3.　如果你一个人住，那么拥抱宠物将满足你对感官接触和情感的基本需求。
4.　如果养了狗，你就会花更多的时间在户外，这会使你的维生素 D 水平升高，你也会花更多时间在绿地上。你将成为狗主人群体中的一员，并发现一个全新的友谊团体。

救助或领养动物

领养宠物有几个很好的理由。当你从注册过的救助中心领养宠物时，你给了一只被忽视的、可能受到创伤的动物一个充满爱的家，给了自己一种目标感，自尊也会增强。救助的宠物和饲养者的宠物一样珍贵、可爱。通过养育它们并为其提供稳定性，你将获得重要的责任感和大量的爱。如果救助的是一只狗的话，你还会额外收获新鲜空气和锻炼的机会。然而，在迈出这一步之前，有一些重要的事情需要记住。

1. 救助或领养动物是一项严肃的事。它们是一种很好的孤独解药，但俗话说"宠物并非只在圣诞节存在"。猫、仓鼠、金鱼和兔子的养育成本相对较低，而狗（尤其是小狗）通常需要更多的耐心和爱。记住，以前可能有人抛弃过它们一次，它们说不定会"表现出来"，这是它们创伤的一部分。确保你已经准备好接受这一点，而不是只能忍受几个月。

2. 想想自身条件。在领养宠物时，你家的大小和是否有花园是重要的考虑因素。大多数猫狗都喜欢在花园里玩耍，所以如果住在一个没有户外空间的小公寓里，那么领养一只活泼的宠物是行不通的。尽管动物通常喜欢和孩子们在一起，但那些没有得到太多爱的动物可能更需要帮助，并会与孩子们争夺关注。有适合各种生活情况的可供领养的动物，但要仔细检查，确保你得到的是适合你的生活方式的宠物。

3. 大多数宠物领养都会收取少量费用；你还需要考虑医疗费用和保险，以及动物的食物。

如果永久领养一只狗或猫太难了，那么可以考虑临时性地收养一只。许多家畜的主人无法在某些特定时间照顾它们，或者正在等待永久主人照顾它们。你也可以借一只动物养一两天。去度假或出差的人通常更喜欢把宠物借给拥有自己住房的人，而不是把它们放在养狗场或猫咪救助中心。请在线查看有关这两个选项的信息——要确保网站获得了官方认证。

关于漂亮马的一切

我们是阅读着以马和小马驹为主角的冒险故事长大的。许多人要么学会了骑这些不可思议的动物，要么渴望骑它们，这样我们就能体验到与它们相关的浪漫和英雄主义。

与动物接触可以鼓励我们关爱他人，将注意力从自己身上转移开，在照顾猫和狗等家养宠物时，我们可以体验它们提供的日常陪伴和安慰。但是马在提升我们的心理健康方面发挥着特别重要的作用。自 20 世纪 50 年代以来，马疗法已被用于应对各种心理状况，如成瘾、自闭症、焦虑、创伤后应激障碍、低自尊和自信不足。

由于马疗法并不便宜，不可能每个人都能体验它。不过我们仍然可以发现马提供的显著心理健康益处，并亲身体验它们的特殊力量。以下是一些主意。

1. 如果你想要的是骑行课程，那么可以通过对附近的设施进行调研来了解一些适合初学者的课程。马厩遍布城镇和乡村。骑马对你的身心来说是一项令人振奋的运动——这是了解这些奇妙的、庄严的生物，适应其天性并通过接触它们而获得信心的好方法。

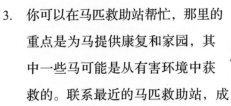

2. 你可以在马厩做志愿者，帮助残障人士与马互动。这些课程通常是慈善机构开办的，依靠社区的帮助来清理、梳理和训练马匹。

3. 你可以在马匹救助站帮忙，那里的重点是为马提供康复和家园，其中一些马可能是从有害环境中获救的。联系最近的马匹救助站，成为一名志愿者，可以使你对未来树立积极的信念。如果有经济能力，你可以捐赠急需的马匹设备、用品和救助站全职工作人员的费用。

建一座昆虫旅馆

随着你对昆虫的了解和对保护它们的重要性的认知，现在是为它们建设庇护所的好时机。除了吸引独居蜂、瓢虫和潮虫，你甚至可以吸引刺猬和蟾蜍。秋天很适合建造昆虫旅馆，因为周围会有大量的干草、秸秆和空心的草茎。请研究不同的昆虫喜欢什么样的环境。有些昆虫，如潮虫，喜欢凉爽的、潮湿的环境；而另一些昆虫，如独居蜂，则喜欢温暖的、阳光充足的地方。

如果没有自己的花园，那么你可以调查公共空间，并获准在那里建造昆虫旅馆。如果当地有社区花园的话，那就更好了。拉上一些朋友，进行一次非常具有启发性和增进亲密关系的活动。

一些可能用得到的材料

- 旧木制托盘，以及板条和木板
- 秸秆、苔藓、干叶和木屑
- 旧陶罐、旧瓦片和多孔砖
- 旧原木、树皮、松果、沙子和土
- 枯死的空心茎（从灌木和草本植物上切下）和空心竹竿
- 一片屋顶油毡
- 在花园里发现的其他任何天然材料，这些都是免费的

如何建造

1. 理想情况下，昆虫旅馆的高度不应超过 1 米。

2. 选择坚实的、平坦的地面放置昆虫旅馆。

3. 若要制作较大的昆虫旅馆，木制托盘是理想的选择，因为它们坚固且有缝隙。昆虫旅馆的规模将取决于你能收集到多少材料。

4. 把砖铺成 H 形，然后在上面加上三四层托盘。

5. 当你对高度感到满意时，用旧瓦片或旧木板制成的屋顶来稳定建筑，并覆盖屋顶油毡。

6. 应该创造缝隙、隧道和床，并用对生物友好的材料填充它们。对于甲虫、潮虫和蜘蛛来说，这意味着要用枯木和树皮碎片。对独居蜂来说，这意味着要用竹子和芦苇制成的天然小管。在更大的缝隙和洞里，可以试着用石子和碎瓦片为青蛙、蟾蜍营造空间；这为它们提供了一个更温暖的过冬的地方，在那里它们可以尽情享用蛞蝓。枯叶（营造出森林地面的感觉）、细枝和秸秆对吃蚜虫的瓢虫和甲虫有好处。

7. 如果昆虫旅馆位于温暖的、阳光充足的地方，那么可以在周围种植富含花蜜的植物，如向日葵、聚合草和假荆芥，以吸引蜜蜂。

8. 在天变冷和变黑的时候，用手电筒来观察你的客人——这是昆虫最有可能活动的时候。

坐火车旅行

在秋天的几个月里，当外面的世界色彩斑斓时，去乡村、海岸或自然保护区旅行，是一种拥抱各种元素、体验陌生环境带来的振奋效果的绝佳方式。自廉价航空和汽车普及以来，火车大多只与上班通勤联系在一起。诚然，火车票可能很贵，旅程可能需要更长的时间，但如果你选择了正确的时间和路线，坐火车旅行可以欣赏到自然世界的壮丽景色，也可以带来一点点浪漫，以及不存在开车或穿行于拥挤的机场而导致的压力时所拥有的舒适感。坐火车是把我们带到大自然的好方法，因为我们可以透过车窗看到周围令人惊叹的风景。

如果预算充足，那么请提前安排计划，尽快预订价格合理的往返程火车票。有很多在线资源和应用程序可供使用，以确保你拥有最佳的火车体验。无论是简单的火车旅行，还是配有下午茶的蒸汽火车旅行、浪漫的卧铺列车旅行，甚至是在"东方快车"上的一次度假，都是很不错的选择。在旅途中带上几件可以叠穿的衣服，或者是一只颈枕，一些零食和水也不错。如果想带宠物，记得检查你的特定行程中是否允许这样做。

在种植农场里当志愿者

随着我们的生态和环境意识日益增强，了解我们所食用的植物的起源和制作过程，是拓宽对食物供应知识了解的一种非常有用的方式。参与全国各地的农场作物收割，不仅能在户外度过美好时光，也是一种教育和很好的锻炼。农场主有时会预料，他们的作物采收需要额外的人手才能完成。尽管也有带薪的工作，但在9月至10月成为一名志愿者，是在更广泛的社区中发挥作用的另一种很好的方式。它将激发你的目标感，让你远离日常压力，进入一个专注于此时此地的世界。

好消息是，你不需要有太多的志愿者经验——很多农场都会提供培训，包括健康和安全方面的培训。你可能需要对所涉及的工作有一定程度的适应能力，所以习惯于坐在电视机前的人可能不适合递交申请，但热情、愿意辛勤工作和对农业世界不断的发展保持欣赏态度将大有帮助。在春天就可以开始研究农场的志愿者工作了。你如果有兴趣到外地工作，就得考虑一下食宿问题。一些农场提供这种服务，但通常需要付费。如果没有预算，那么只在当地农场寻找机会是明智的。

和猪依偎在一起

以下是关于猪的一些基本事实。

1. 猪没有汗腺，这就是它们喜欢在泥里打滚的原因。

2. 猪发出的可爱呼噜声有一个真正的目的：与其他猪交流它们的需求和健康状况。

3. 猪的鼻子是一个多功能器官，用于闻食物和挖松露。它们的嗅觉灵敏度大约是我们的 2 000 倍。

4. 它们是高度感性的动物，喜欢好好按摩，在树上摩擦自己和听音乐放松。真的！

5. 它们是高度社会化的动物，深情款款，喜欢和其他猪挤在一起。

猪被认为是能提振情绪的伴侣动物。学校经常需要用迷你猪或微型猪来帮助孩子们学习如何饲养动物，养老院也经常需要用微型猪来作为老人的一种治疗方式。它们甚至被用作帮助大学生在考试间隙放松和减压的有效方法。

猪是农场动物，在欧洲大陆和英国受到一定的法律保护。如果想成为一个永久的猪主人，你需要遵守相关法律。

豚鼠疗法

几十年来，这些家养啮齿动物一直是受欢迎的儿童宠物，但它们对成人心理健康的益处也很大。豚鼠比仓鼠更冷静、更温顺，是一种社会性生物，许多主人是真心喜欢它们，就如同喜欢狗和猫。柔软的皮毛和明亮的、透着聪明劲儿的眼睛也让它们非常可爱。它们的寿命也相对较长，最长可达 7 年，所以如果好好照顾它们，它们会一直待在你身边。

如果正在寻找一只养育成本低的宠物，那么给豚鼠一个家是值得考虑的。对于那些行动不便的人来说，这些可爱的生物不需要每天散步，只需要舒适的生活条件和关爱。它们是很好的小伙伴，能够进行重要的感官接触，有助于我们对抗孤独、抑郁、焦虑和压力。

你需要确保自己没有与这些宠物相关的过敏反应疾病，并且能够为它们提供所需的东西。最重要的是，请从别人推荐的和经过验证的可靠来源寻找可饲养的豚鼠。

松果保龄球

松果是秋天最容易辨认的符号之一。9 月前后，我们开始在公园、森林和花园里看到它们散落在针叶树下。在掉落之前，球果是松树种子的重要保护壳；它们圆形的鳞片保护种子免受寻找食物的捕食者的伤害，确保未来新的树木生长。松果很好看，造型也很别致，几乎就像是手工雕刻的，但它们只是大自然非凡设计能力的又一个例证。即使我们没有意识到，感受松果的质地和形状也可以让我们平静下来，减轻压力。松果具有功能性、感官性和观赏性，是令人愉快的天然保龄球。

你要出去好好寻找松果——试着收集至少 12 个大小和形状相似的松果。你甚至可以给松果喷涂颜色，以此为每个玩家区分个体。然后，带着你的滚球或保龄球游戏规则，在最近的绿地上度过一段时光，享受一场休闲比赛吧。松果保龄球作为一种儿童游戏已经流行了很长一段时间，但在任何年龄段，它都是一种与大自然联结的奇妙方式。

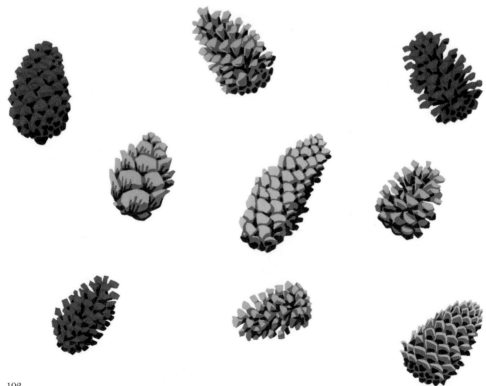

写秋季情绪日记

当你在秋天旅行时，有一个好方法可以衡量它对心理健康的影响，那就是写情绪日记。如果你的情绪经常波动，请不要感到惊讶。我们都有好日子和坏日子，但你很可能会发现，天气、温度、活动水平，以及在户外拥抱大自然的时间，会对你的情绪有多么充满活力、多么积极或多么稳定产生重大影响。色彩也很重要。当天气阴沉沉的时候，一切都暗淡无光，我们的情绪也会随之消沉。注意到多云、灰暗的天空，可能会让我们昏昏欲睡、坐立不安或情绪低落，这是一种积极的行动，它提醒我们这些感觉几乎总是暂时的，也提醒我们自然世界对我们的影响有多大，我们经历的高潮和低谷都是自然进程的一部分。通过情绪的明暗来感受这种联系，会使我们变得更强和更稳定，减少焦虑和对未来的担忧。

你可以在朴素的笔记本上写一本情绪日记，记录每天或每周的感受。你也可以在照片墙订阅源中加入日记，将户外色彩和景色的视觉记录与心情说明相结合。如果你选择第二种方式，那么你也会激励其他人。

打乒乓球

打乒乓球很容易学习，它能使人思维敏捷，并给健康带来益处。乒乓球一年四季都可以玩，但秋高气爽的日子里，在户外进行一场比赛会让你暖和起来，提升你的能量。它保证会让你开怀大笑，即使你的胜利意愿没有那么强。

研究表明，打乒乓球可以改善所有年龄段的人的记忆功能和集中注意力的能力，提高我们的认知能力和运动学习能力（通过练习发展技能的能力）。一些科学家认为，它所需的快速运动是一个促成因素。就像网球和国际象棋一样，乒乓球是一种战略性的游戏——玩家必须独立思考，必须迅速做出决定。这也是一场带有社交性质的比赛，在这场比赛中，我们几乎或根本没有焦虑的空间，因为我们被迫专注于每一秒钟，不会把我们的思绪投射到下一步行动之外。

如果你有一座足够大的花园或室外空间，那么这将是摆放球桌的理想场所。所有必要的设备都可以相当便宜地买到，许多城市公园也都有永久的乒乓球桌；你所需要的只是球拍和球。你也可以用一张旧的厨房桌子和一张球网临时拼凑出球桌来。

放风筝

　　毫不奇怪，放风筝被认为是全方位运
动的最佳形式之一，它将低强度的有氧运动与拉伸
相结合，可以改善心脏健康水平，提高灵活性。这是
一项很好的情绪提升活动，也是将自然与体育相结合
的一种绝妙方式。风筝在空中飞行，随风俯冲，任由各
种因素摆布。虽然 3 月是放风筝的好时机，但秋季的大风天
也同样合适。

　　和打乒乓球一样，你没有必要立即（或根本无须）成为放
风筝的高手。尽管有些人自己制作风筝，但从正规渠道购买正
品风筝的压力较小，在那里你可以得到关于哪种风筝最适合你的
建议。风筝需要三个基本元素才能正常工作：正确的空气动力学
结构，以便从风中获得升力；坚固的风筝线，以免风筝被吹走；
良好的提线，以确保风筝用正确的角度面对风。风筝有很多不
同的形状、大小和颜色，价格也不同，所以你有很多选择。

　　一个刮风的秋日下午，在户外置身于放风筝的世界，就
能使你发生变化。通过练习，你可以学会编排空中动作，如
绕圈、后空翻和失速，或者就简单一点，看看最终能把风筝
放到多高。

寻找秋日装饰

在秋天可以找到许多奇妙的植物、花朵和浆果——在金色和棕色的叶子，以及散落在地上的枝条之间，有着浓郁的红色和绿色。这个季节非常适合打造家居装饰，当室外温度下降时，你可以在家里营造一个生动的自然环境。落果、细枝和秋叶都是壁炉上方、架子或桌子上的绝妙装饰。

当出发去公园或树林散步时，带上一把修枝剪，准备截取一些枝条。留意一种俗称"老人胡子"的植物，也就是铁线莲，它最早可以在 9 月中下旬被发现。它繁茂的种子上长满了丝滑的长发丝，你可以通过去除种子，使用发胶来长久保存那些美丽的发丝，从而装饰你的家。此外还有华丽的玫瑰果实——留意圆形的南瓜状玫瑰果实和星形的玫瑰花簇。这些东西需要储存在黑暗、干燥的地方，以防止果实枯萎，就如同保存被剪成一定长度并去掉叶子的山楂一样。卫矛有着粉红色的叶子和明亮的橙色种子，也是一种很好的收获；绣球花、某些草，还有这个季节后期的四照花、桉树、罗汉松、黄杨和冷杉也是如此。当然，不能忘记人们最爱的那些传统秋冬装饰——冬青和槲寄生。

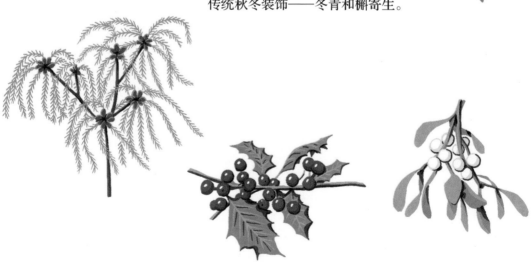

保存浆果和花朵

家用甘油非常适合用来保持家里花朵和浆果的颜色与柔软质地，因为甘油可以防止植物变干。你可以从任何药店买到甘油。以下是保存浆果和花朵的方法。

1. 首先，把植物的茎在水中放置约 8 个小时，使它们吸入水分。
2. 把茎剪掉一点，用手指小心地把茎的末端压碎。
3. 在一只玻璃罐（果酱罐就很合适）里装上大约 1 厘米深的甘油和几厘米深的热水（如果可能的话，请过滤一下）。
4. 把茎放在这种甘油和水的混合物中，直到液体被吸收到茎里为止。这可能需要大约 2 周的时间。
5. 将经过处理的插条放到餐桌中心、壁炉架上、卧室里或窗台上做装饰。

有关秋季应寻找哪些植物的更多信息，请访问值得信赖的在线资源，如英国林地信托基金网站。

摘南瓜

南瓜是秋天的另一个生动符号，它在 10 月中下旬成为人们关注的焦点——尽管南瓜可以采摘 7 周到 8 周，而且它们不仅仅是万圣节的装饰。

如果有足够的空间，那么你可以自己种南瓜。它们的养护成本很低，最好于 4 月前后开始在室内播种，然后在夏天把它们搬到室外晒太阳，最后在秋天采收。但在城市和乡村地区的当地农场采摘南瓜也有很多值得称道的地方，许多城市农场都有南瓜地。所以，最好在日记中记一下，提醒自己 10 月中下旬前后要去附近的南瓜地。由于南瓜的需求量很大，你可能需要预订。记住，南瓜很重，所以要考虑如何把它们运回家。

南瓜的力量

为了制作万圣节灯笼而雕刻南瓜总是很有趣的。你需要合适的工具：一把大而结实的锯齿状菜刀，用来进行主要的雕刻；一把削皮刀，用来进行更精细的工艺制作；还有一把冰淇淋勺，用来刨南瓜肉（可以留着，以后用于烹饪）。你要是想给南瓜上色，建议你用丙烯酸或喷漆，这样南瓜皮就不会裂开。再往里面放一个 LED 茶烛，灯笼看起来就会令人惊艳了。

五香南瓜黄油

这是一种健康的秋季美食，用于涂抹在烤面包、松饼和薄煎饼上。你需要以下食材：

- 大约 850 克（2 听 425 克的罐头）的南瓜泥（你也可以自己制作：将南瓜去皮并去籽，切成方块，然后蒸 10—15 分钟，直到变软）

- 120 毫升苹果汁

- 2 茶匙姜末

- 1 茶匙肉桂粉

- 250 毫升枫糖浆

- 一小块磨碎的肉豆蔻

- 2 茶匙香草酱

烹饪

1. 在平底锅中混合所有材料，加入一小撮盐，然后将锅放在中火上煮开。

2. 将火调至小火，慢炖 20—30 分钟，定期搅拌。

3. 当黄油变稠，而且呈现可爱的金棕色时，你就知道它煮好了。

4. 把煮熟的混合物倒进碗里，让它完全冷却，然后舀到干净的容器里（最好是玻璃罐），在冰箱里可保存一周。

参观历史建筑和庄园

　　去一栋历史悠久的房子或豪华古宅一日游，是一种美妙的体验——这是一堂视觉和感官上的历史课，带有一丝老派的魅力。在英国，你可以追随贵族的脚步，探索华丽的建筑，欣赏美丽的花园和广阔的庄园。其中一些遗产地在乡村占地数英亩（1英亩约等于4 046平方米。——译注），另外一些则在城市里，比如伦敦的肯伍德大厦，或者泰晤士河畔金斯敦的汉普顿法院。这些及其他许多历史建筑遍布英国和欧洲大陆，每一处都独特而迷人，有自己的历史看点。

　　历史悠久的建筑及其庭院在一年中的大部分时间都对公众开放，但在出发前请检查是否需要提前预订。你通常需要购买门票或捐款。你可能需要关注一下参观当天的天气状况，不过即使在寒冷和下雨的时候，在美丽的庭院里漫步也是很奇妙的。

去国家公园

英国国家公园的创建至少在一定程度上受到了 19 世纪早期诗人拜伦勋爵、塞缪尔·泰勒·柯勒律治和威廉·华兹华斯的启发。他们都对自然世界的美丽充满热情，影响了公众更多地进入自然的需求。多亏了他们，英国现在有十几个精心维护的、自然呼吸的空间，为各种植物和野生动物提供了大片经过精心管理的土地。这些国家公园已经开展了数百个保护项目，自然因此得到保护，人们也能够提升福祉。

若想追求令人叹为观止的自然体验，没有什么比去国家公园更好的了。将令人惊叹的景观、野生动物与地质遗产相结合，你的国家公园之旅将是独特而难忘的。从风景优美的水道和泥滩，到古树、觅食的野生动物、山脉和湖泊，无论身在何处，你都会找到完美的自然体验。尊重自然是至关重要的，所以在去之前一定要研究需要带什么，有何规则和条例，以及开放时间和门票价格，然后就为一场精彩的体验做准备吧！

社区帮扶

　　当你花更多的时间在大自然中增进自己的心理健康时，你可以考虑帮助社区中更脆弱的成员也这样做。根据自身情况，你可能觉得无法照顾好自己和别人，这也没关系。但如果你能胜任，你所帮助的人会得到很大的好处，你的努力也会得到情感上的回报。对于独自生活的老年人来说，一些陪伴、聊天和户外活动可能是一条生命线。研究表明，新鲜空气、定期锻炼和精神刺激活动确实能提高老年人的生活质量，并有助于对抗与亲人阴阳两隔时产生的孤独感。这种经历也不是单向的——我们有很多东西需要向老一辈学习。花点时间听他们的故事，你会获得一个新的视角，也许还会有一个新朋友。初秋对弱势群体来说可能是一个令人不安的时段，因为这限制了他们的选择，所以这是开展这项活动的理想时机。

如何帮助

- 如果认识住在附近的独居老人，他们仍然可以生活自理，那就每周打电话或看望他们，带他们出门散步！帮助一个孤独或行动不便的人在外面散步，有助于对抗孤独，也可以提供置身于大自然中的通常益处。

- 根据他们的体能状况，可以鼓励新朋友帮你打理花园。他们很可能会在园艺上教你一两手！

- 在户外打一场轻松的乒乓球，并确保及时休息，在休息期间可以玩棋盘游戏来打发时间。

- 最重要的是，关注他们的兴趣点，并相应地选择活动。

- 你也可以为帮助老年人的组织做志愿者——有很多成熟的组织。他们可以为离群索居的老年人发起"交友"计划，并欢迎"活跃的伙伴"与老人们进行一对一的接触，陪他们出去散步，或者开车送他们去海边度过一个下午。

- 当你外出活动时，要友善。让老年人或更弱势的社会成员知道他们被看到了。微笑、挥手，如果感到合适的话，甚至可以停下来聊天。对你们双方来说，这可能就是好日子和坏日子的区别。

做一个漫步者

　　如果你善于社交，在结识新朋友时保持活跃，那么乡间漫步对于你来说就是理想的户外活动。漫步对于人的身材、体型和年龄没有限制，这项团体活动越来越受到欢迎。许多人发现，周六或周日花几个小时在美丽的乡村散步，半道停下来吃吃点心，这样的活动是一周紧张生活的解药，好过在酒吧和餐厅社交。漫步结束时，你会感到既精神又有些累，这是身体可能达到的最佳状态。你会睡得更好，内心更平静，也享受了作为漫步团队一员的乐趣。漫步者须年满 18 岁并了解自己的健康状况。如有任何潜在的健康风险，关于漫步是否适合你这个问题，你首先必须咨询医学专家。

　　一旦决定去漫步，就要联系组织漫步活动的各种机构，了解如何报名，有什么路线，哪些路线最适合你，如何着装，以及带些什么物品。漫步的时候可以在各种天气状况下看到一些壮观的自然景观，从更广阔的视角了解我们的世界及其独特的美丽是无价的。

在公园散步

公园散步对于老年人来说是很棒的户外活动，既有益于身体健康，又有新鲜空气和老友们相伴，而且不论身体素质如何，都可以在公园散步。不过，不必等到成为老年人再参与公园散步。对于年轻人来说，与志趣相投的人在当地公园尽情漫步，是跑步或慢跑的绝佳替代活动；跑步对我们的关节和肌肉来说强度更大，也更容易造成损伤。此外，有些人不喜欢跑步（很合理！），而喜欢对身体的冲击性低，轻松又兼具社交性的散步。运动时身体会慢慢发热，在微凉的天气里做任何运动，体感都会更舒服，所以在公园散步是适合春天、初夏、秋季以及冬季不太寒冷的日子的运动。如果你觉得这项活动听上去很有吸引力，下面就是活动的准备方法：

- 如果定期参加公园散步，那么你需要花钱购置一些结实、舒适和耐穿的鞋子。一双介于板鞋和登山靴之间的鞋子就差不多了；不过每个人的情况有所不同，所以请在线上或在专卖店咨询专业人员。
- 头戴保暖且透气的棉帽，穿上舒适的松紧腰休闲裤或紧身裤。外套则选择轻便、防雨的夹克，它既不会让你感到身上沉重，又能遮风挡雨。
- 散步速度得现实些。尽管快步走有益于心脏健康，但是任何步速的散步都是有益的。在公园漫步不仅是为了强身健体，也是为了和伙伴在一起，并与大自然接触。

准备迎接更黑的月份

我们已经谈到了季节的变化对我们的影响——
在换季时，我们会感到精力不足和焦虑。秋天即将
结束，明亮而炎热的夏天似乎还很遥远，当我们进入一年中最黑暗、最寒冷的月
份时，维持心理健康对我们来说通常是一个更大的挑战。松鼠会寻找食物来度过
严冬——这些有创意的生物和其他许多动物（以及植物）一样，本能地知道如何
度过一个季节。尽管动物世界的需求是建立在基本生存的基础上的，但我们可以
从它们的习性中学到一些东西。现在是时候运用一些有用的技巧并练习自我关
照了。

如果你一直在创作一本关于每个季节及其对你健康影响的图片或书面日记，
请继续这样做。随着12月的临近，一定要尽可能多地捕捉大自然的变化。在每
年的这个时候，世界变化得很快，如果你专注于奇迹和魅力，而不是哀悼夏天
的逝去，那么写日记可以帮助你从更积极的角度看待这一时期。它可以提醒我
们，所有生物都在不断前进，因为这是唯一的方向。一旦接受了这种自然的存
在方式，并提醒自己，我们所有的情绪都很重要，不应该害怕，你就会带着力
量进入新的季节。

应对变化的方法

1. 实事求是地思考，确保所有家庭需求都能在冬天得到满足。解决家里的隔热问题，确保有足够的保暖衣物来度过这个季节。

2. 储备富含维生素和矿物质的食物，这将有助于你在冬天保持健康。胡萝卜含有维生素 C，这是一种重要的抗氧化剂，可以帮助身体产生胶原蛋白。甜菜根可以帮助身体排出毒素。菠菜、羽衣甘蓝和卷心菜都含有维生素 K，对皮肤保养非常好；西兰花也富含维生素、矿物质和抗氧化剂。

3. 对你的身体好一点——花时间清除死皮，练习促进循环的运动，如快走或跑步，并专注于普拉提和瑜伽等核心强化运动。

4. 充足的睡眠。早点吃晚餐、早点睡觉和早点起床对保持精力非常有益。

5. 和朋友一起为未来几个月制订计划。孤立是导致抑郁和焦虑的一个关键因素，拥有社交活动可以让你感觉自己是社区的一部分。

冬 季

凝望星空

我们都知道满是星星的清朗夜空是多么美丽，无论它是完美的暮夏夜，还是寒冷的冬夜。研究表明，夜观星空不仅有助于我们的身心健康，给压力下的日常生活带来平静，而且能让我们成为更好的自己！不管你是工作繁忙，一天结束后有点精疲力竭，还是你一整天都在做饭、打扫卫生或照顾孩子，在一个晴朗的夜晚，当夜幕降临时，请花时间坐在户外，仰望能带来即时视角的壮丽夜空。

天空是通向无限空间的大门，凝视着这一切，我们开始感到谦卑。当然，每个人都是重要个体，但我们也是浩瀚宇宙的组成部分。记住这一点，当我们抬头仰望天空时，它会提醒我们：我们是人类中的一分子，每个人都为地球上的生命带来一些独特的东西。有那么一小会儿，我们可以放空自己，不再控制生活中发生的事。凝望星空鼓励我们接受，鼓励我们守望相助——这些确实有助于我们看到更宏大的图景。

凝望星空的另一个好处是可以激发我们的创造力。当我们留出一定的思维空间，让各种点子得以容身时，我们就启动了创造性的大脑。白天，当我们处理日常事务、完成各项任务时，大脑在纷繁的思绪和焦虑中嗡嗡作响，这些压力让大脑空间所剩无几。我们根本没有时间去创造！停下来，让思绪放慢，能促使我们展开想象力……

观星最需要注意的事项

1. 首先，上网研究一下在你所在的位置能看到哪些星星，以及观看它们的最佳时间。在手机上下载广受好评的观星应用程序，它们可以给你定位并指导你观星。

2. 观星的最佳时机是夜空寒冷、清朗、通透且不潮湿的时候，所以观星时需要裹上暖和的衣服，或许还要带上一杯热饮。在新月之夜观星更为理想，而满月时过亮的月光会让周围的星星变得暗淡。

3. 如果你是城市居民，那么你需要择高处而望星空，这样建筑物和非自然光就不会妨碍你的视野。如果天太黑，则要带上手电筒，有红色滤光片的手电筒对我们的眼睛和视野更为友好。如果用手机充当手电筒，那就用半透明的红色纸覆盖手机，起到红色滤光片的作用。

4. 你无须用昂贵的设备来观星。新手先学着用肉眼识别行星、恒星和星座。对于更资深的天文爱好者来说，单筒望远镜和双筒望远镜可以拓展观星视野，丰富观星体验；但如果你只是为了享受和感受与地球周围天体的连接，那么望远镜不是必需的设备。

制作节日花环

用制作一只精美的冬季花环来开启这个富于戏剧性的季节，既是表现创造力的好方法，也是外出寻找天然材料的好借口。抱着这样的目的走到户外，能够帮助我们适应和拥抱冬天，欣赏周遭大自然的美丽。花环的起源可以追溯到古罗马、古埃及和古希腊时代——在那些文明当中，花环象征着胜利、力量和永生。制作花环的传统常绿植物有冬青、常春藤、紫杉、桉树和松针。这些植物有着不错的适应性和持久性，代表着永恒的生命和耐力。记着这些植物的象征意义，将其作为对你自己的韧性和力量的肯定。

你要确定花环是悬挂在室外还是室内。室外的花环通常能"保鲜"5—6周，而室内花环的"寿命"约为2周，所以算好制作花环的时间很重要。尽管常绿树叶和浆果做成的花环保鲜期更长，但你也可以用山茱萸、柳树、榛树或桦树枝来打造更质朴的花环。记得尽可能多地收集树叶——比你以为需要的量还多——注意收集一些冬青、平枝栒子或常春藤的浆果，以便增加花环的色彩。

花环所需的材料

以下是制作简单的桉树花环的指南，桉树花环干燥后闻起来很香。关于更多的花环制作创意，请查询相关的手工艺网站或在线视频教程。你需要准备以下物品：

- 修剪树叶和浆果的修枝剪
- 一只直径至少为 10 英寸的铜环、园艺钢丝或木制刺绣环
- 工艺金属线或花艺铁丝
- 剪刀
- 针叶树枝条
- 各种桉树（可以使用干桉树枝，不过新鲜桉树枝更柔韧，所以更好）、浆果（用甘油保存的浆果保鲜时间更长，见第 107 页）

制作

1. 从左边开始，把收集到的针叶树枝条面朝上绕着圆环摆放，覆盖住三分之二的圆环。
2. 把金属线剪成小段，小心地把针叶树枝条绑在圆环上。
3. 把桉树枝剪成大约 12 英寸长，盖住针叶树枝条，用金属线捆绑连接，然后把不同的桉树枝条混合起来，再覆盖一层。
4. 现在把浆果枝条扎进去，将浆果嵌入桉树枝条，再用金属线把它们固定在圆环上。

如果门上有钩子，那么你可以把花环挂在室内门上展示，或者把它挂在壁炉架上——这样就把冬季新鲜的天然植物枝条带到了室内。你也可以把它挂在门环上，这样其他人在门外也能欣赏花环。

提振情绪的科技习惯

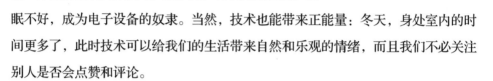

如今技术让我们可以即刻获得信息，这些信息耗费了我们大量的精力，让我们忘记环顾四周，忘记活在当下（甚至没能停下来拍一张值得上传到照片墙的照片）。我们开始焦虑，睡眠不好，成为电子设备的奴隶。当然，技术也能带来正能量：冬天，身处室内的时间更多了，此时技术可以给我们的生活带来自然和乐观的情绪，而且我们不必关注别人是否会点赞和评论。

更换手机壁纸是调整情绪的好开端，你只需把手机壁纸换成明亮、自然、充满喜悦的风格——也许是关于美好假日或户外探险的回忆。看到壁纸当中黄昏时的海滩、湛蓝天空下的高山、绿意盎然的森林，或者平静流淌的河流，我们能够产生身临其境的感觉。在黑暗的日子，我们需要有更明亮的东西激励自己，而视觉就是强大的减压急救剂。在电脑和其他有屏保的设备上，我们可以做同样的操作。

记着大自然，记着它奇妙的治愈作用，订阅那些赞美美丽的户外、野花和野生动物的社交媒体账号，或者订阅那些支持用行动应对气候变化、关注动物灭绝的账号。从科技中获得灵感，而不是感到不安或焦虑。更多地了解大自然，了解它的美丽和它所面临的任何威胁，然后尽我们所能让自然界保持繁荣，以此提醒自己：每个人都是世界的一分子，照顾地球就是在照顾我们自己。

参观一处引人注目的风景

　　冬天是充满戏剧性的季节，也是天气最恶劣的季节。我们通常认为严寒、雨、雪和强风会造成很多困难，不过，如果能够欣赏大自然的戏剧性，让它展示神奇的一面，而不是对它表示不满，那么我们就不再神经紧张，而是心平气和，不再与自然抗争，而是拥抱自然。

　　为了更好地接受冬天，你可以考虑在冬季游览让人印象深刻的景区。世界各国几乎都有壮观且令人难忘之地。在英国，令人印象深刻的、风景优美的地方包括湖区，那儿被积雪覆盖的山脉耸立在平静的水面之上，山羊在周围的田地里吃草；还有位于康沃尔最顶端的兰德角悬崖，在那里，壮观的海浪冲击着海岸，陡峭的悬崖骤然升起。苏格兰有着世界上最美丽的风景，那里有偏远的岛屿和村舍、随处可见的丘陵和山脉，还有闻名遐迩的湖泊。无论住在哪里，你往往只需乘火车旅行一次，就能抵达美丽的风景，而且，去不熟悉的地方，体验也更强烈。你需要确保去那里旅行是安全的，要备上合适的衣服、应急食品和水，以防途中没有咖啡馆或商店。

找苔藓

苔藓是一种爬满岩石和石头的温和且有弹性的绿色植物。它嵌进小径缝隙里，像地毯一样铺在树林里，就在我们周围。我们可能没注意到苔藓为生态系统的健康做出的重要贡献，对于光秃秃的地面来说，它也是第一批"殖民者"之一。苔藓吸收大量的水分，营造潮湿环境。苔藓为木虱和蛞蝓之类的动物提供家园——鸟类通常对此了如指掌：它们用喙挖掘苔藓，寻找美味的无脊椎动物。

苔藓也有益于感官和情绪状态。色彩疗法的研究表明，绿色能促使我们感受心灵的健康、和谐与平衡，所以大自然中丰富的绿色能改善心情，这并不奇怪。如果不想养室内植物，那么苔藓是一个让家里充满绿色的绝佳选择。苔藓球最初在日本流行。在浅浅的盘子里放置一只苔藓球时，餐桌装饰会被赋予一种宁静的、自然的感觉。不同种类的苔藓做成的苔藓花环看着美丽而超凡脱俗。苔藓的触感尤其令人愉快，所以你可以研究一下苔藓工艺品，看看用散步时发现的苔藓能做出什么。你会惊讶于苔藓种类之丰富！

最常见的苔藓可以在林地、溪流和河流旁或树桩上找到。其中很常见的金发藓像一座迷你小松林，能长到40厘米高，常见于沼泽、潮湿的荒地等酸性强一些的地方。多形小曲尾藓的特征是叶子薄而呈黄绿色，向同一方向卷曲，形成约3厘米高的小丛。这种苔藓也喜欢酸性土壤，遍及沟渠、河岸和林地等阴湿的地方。其他种类的苔藓包括提灯藓、羽藓、塔藓（因其有光泽的叶子而得名）和拟垂枝藓（在花园小径上常见）。苔藓在冬天生长旺盛，所以这是我们成为苔藓专家的好时机。拿着列出不同苔藓种类的名录，花一整天时间找苔藓、拍照记录自己的发现吧。

徜徉于松林

松树总是和冬天联系在一起，其主要原因是冷杉与圣诞节相关。松树是常绿树种，它和许多落叶树不同，四季都有松针，这也使得松林成为一道壮观的风景线。俯瞰时，松林呈一片美丽的深绿色，随着丘陵地势起伏绵延。漫步在松林中则有童话般的感受。所有种类的松树都散发出一种清新的、樟脑般的香味，我们可以深呼吸，吸氧入肺，让头脑清醒。松树对我们的心理作用也十分重要。它是身体和精神的再生剂，让我们满血复活。

身心感到脆弱的时候，在冬天的松林里待上一段时间，是极好的"康复"体验。找到离自己最近的松林，在冬季日记中写下你对宝贵的松树疗法的感受，或者随身携带一只袋子，收集一些散步时见到的落地松果，以及松果保龄球（见第 102页），在家居装饰中充满创意地使用这些松果。

去冲浪！

　　我们常常将冲浪与阳光明媚的
加利福尼亚或澳大利亚海滩联系在一起，在那些地方，皮肤晒成金色、身材健美的
人们在炎热夏季毫不费力地驾驭着海浪。其实，冬季冲浪同样令人兴奋，更益于精
神健康。最新研究表明，冬季冲浪对精神健康好处多多的原因之一是水越冷，我们
的交感神经系统（"战或逃"状态）和副交感神经系统（平静状态）受到的刺激就
越多。调节我们的内部器官功能（如消化、心脏功能和呼吸频率）的迷走神经也受
到刺激。简而言之，冬季冲浪时，我们的器官功能处于较高水平。众所周知，器官
功能处于较高水平时，癫痫发作减少，焦虑和压力也显著减少。

　　如果一想到冬季冲浪就打哆嗦，请放心，当身心都享受冷水运动带来的好处
时，你可以穿一件防寒泳衣以保护自己免受水温的不利影响。冬季冲浪需要对游泳
很熟练，但也不必达到奥运会级别。你需要向合格的冲浪教练寻求适当的指导，开
始冬季冲浪之前要向健康专家提交体检报告。如果在夏季冲过浪，那么冬季冲浪就
有些"先发"优势，不过你仍需要了解并记住冬夏冲浪的主要差别。

冬季冲浪的准备事项

1. 假如没有自己的冲浪板，大多数可以冲浪的海滩都有出租服务。你可以根据个人的身高、体重和冲浪水平，咨询什么样的冲浪板最适合自己。

2. 一套合身的防寒泳衣至关重要。请咨询专业人士，多厚的防寒泳衣适合冬季气温。防寒泳衣有多种厚度可供选择，有羊毛衬里和理想的液体接缝。

3. 头部、手和脚也需要保暖，所以帽子、手套和靴子必不可少。

4. 确保冲浪装备及时准备好。把所有的装备集中放在一只敞开的篮筐里，而不是塞进背包或手提包，让装备触手可及且可以很快穿上。带上浴袍，以便在脱下防寒泳衣后能保持身体温暖。

5. 下水之前不要太冷，也不要太热，这一点非常重要。如果太冷，那么一旦入水，就暖和不起来了。冬天，如果在户外换装，最好在防寒泳衣外面套上一件棉衣；如果在室内换衣服，记着要在没有暖气的房间里换，否则冲浪时更觉得寒冷。

6. 冲浪时应该和至少一位朋友在一起，这样更安全，也更愉快。

7. 在水里时，要注意身体的反应。划水时，身体应该发热；停下后，身体开始变冷。如果长时间不运动，四肢会慢慢失去知觉，有失温的风险。运动时间短而活跃，比运动时间较长却动得较少更能锻炼到身体。不要停在水里，运动结束就上岸。

8. 冲浪结束，浮出水面后，动作迅速非常重要。浴袍和衣服务必都已经准备好，可以尽快穿上。有保暖作用的无檐帽是戴在头上的必备品。另外还要带上装有热饮的保温瓶，一杯热饮能立刻让身体暖和起来。

让家里更纯净

理所当然地，冬天我们会在室内待得更久，中央空调和烤火炉也常开着，这样家里会变得更闷。打开窗户通风透气是个解决办法，但室外较冷，开窗会遭到多数人反对，而且也只能是短期解决方案。另一个很好的办法就是买一些能净化空气的植物放在室内。通过光合作用，这些植物不仅能将我们呼出的二氧化碳转化为新鲜氧气，还能帮助清除呼出的气体中滞留在室内的毒素。

这些漂亮的"永恒植物"对光照要求不高，在没有水的情况下可以维持一周以上，而且不会吸引昆虫，这些特性使它们很适合成为净化空气的植物"候选人"。不过，如果你养了宠物，那么这些植物还是不适合放在室内，因为它们可能对动物有毒。吊兰在过去特别受欢迎，它几乎在方方面面都很棒：外表看起来与众不同，易打理，对宠物友好等。如果你想找有些特别的植物，会给家里带来夏天感觉的袖珍椰是不错的选择，本质上它就是一棵微型棕榈树。袖珍椰看着很精致，对环境的适应性很强，放在房间里较暗的地方也没问题，对宠物无害。它所需要的只是每隔几天在叶子上洒一点水。广受欢迎的室内植物还有喜林芋，其中好几个品种都很好看，它们喜欢干燥的空气。喜林芋的叶子有毒，对孩子或宠物来说有误食的风险。此外，需要注意别给喜林芋浇过多的水，因为它吸收水分的速度很慢。还有其他很多植物可以做室内植物，如果对植物的安全性有疑问，请务必咨询专业人士。一旦选好了家里摆放的植物，即使它们对光照没有太高要求，你也需要定期把它们放在室内有阳光的地方。

130

在生活中使用精油

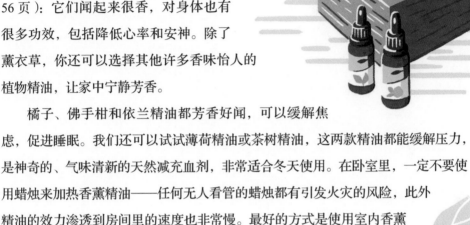

精油不仅仅会带来一种美妙的感官体验，而且会通过它们的植物来源真正改善我们的健康。我们已经了解了薰衣草的能耐（见第56页）：它们闻起来很香，对身体也有很多功效，包括降低心率和安神。除了薰衣草，你还可以选择其他许多香味怡人的植物精油，让家中宁静芳香。

橘子、佛手柑和依兰精油都芳香好闻，可以缓解焦虑，促进睡眠。我们还可以试试薄荷精油或茶树精油，这两款精油都能缓解压力，是神奇的、气味清新的天然减充血剂，非常适合冬天使用。在卧室里，一定不要使用蜡烛来加热香薰精油——任何无人看管的蜡烛都有引发火灾的风险，此外精油的效力渗透到房间里的速度也非常慢。最好的方式是使用室内香薰机，或将精油喷洒在枕头上。

在客厅里，电子香薰机是不错的选择。香薰机的形状、大小各异，它们是通过温和地煮沸滴了精油的水，释放出芳香蒸汽的。在浴室中，你可以用香薰藤条让室内芬芳，或者把你选用的精油滴入椰子油和荷荷巴油等基底油中，制成复合精油，安全地添加到浴缸里。

务必了解哪些精油是可以安全使用的。有些植物即便是有机的，也可能含有毒素或导致皮肤过敏。要非常谨慎地购买任何未被证明安全的产品，无论是一般性的，还是专门针对个体使用的（尤其是往浴缸里滴的精油）。花些时间为自己选择正确的精油和香氛。如果可以，购买精油前请试用样品。现在，让我们放松一下，享受一次美妙的香氛体验吧。

追逐风暴

　　19世纪以来，追逐风暴一直是一种追求心理健康的活动，旨在获得与自然的内在联系。活动方式是奔向而不是逃离有极端天气的地方，以此加强与自然力量的接触，在这些接触中专注地了解自然，放弃我们所坚持的控制——这种控制往往只会让我们感到压力更大。1874年，一位著名的风暴猎人——约翰·缪尔在加利福尼亚州塞拉的一场狂风暴雨中爬到一棵高达100英尺的云杉树顶部，并在树顶端坚持待了几个小时，直到风暴平息才下来。他记下了自己的体验："我享受到了从未有过的乐趣。"认真的风暴猎人将这样的体验称为"巅峰体验"，这种体验让他们深刻理解自己在宇宙中的位置——他们称体验到的这一刻为"美丽的宇宙时刻"。

　　对大多数人而言，一想到要面对极端天气就会感到害怕，这不难理解；我们不需要把自己置于任何危险之中，也可以从追逐风暴中获益。在刮风天或小雪天户外散步的体验可能就很神奇，这会是一次顶风而行、让自己在大自然中保持谦逊的体验。这也是一个宝贵的提醒：我们无法控制周围的一切，培养对生活中出现的真正的和隐喻的风暴的接受能力，对于减少恐惧和焦虑、增强精神力量和复原力至关重要。手机上务必要有一个跟踪设备，以免迷路，然后你就可以放松并享受漫游的乐趣了。

准备漫步于冬日仙境

有句谚语说得好："没有坏天气，只有不合适的衣服。"所以，在你欣然接受任何天气之前，要确保自己拥有合适的装备。

1. 不要穿棉质或牛仔布的衣服，这些材质易吸收水分并很难晾干。如果在外面遇到下雪或下雨，这些材质的衣服会让你觉得更冷。应该穿多层化纤或人造丝的衣服。

2. 穿在里面的贴身衣服选用聚酯纤维之类的面料，会让你的皮肤保持干燥，防止身上湿漉漉的。外面一层应该是感觉到热就方便脱掉的上衣——材质蓬松或羊毛做的衣服就很好。然后你还需要一层相当于绝缘层的衣服，比如羽绒或涤纶摇粒绒背心，这比在外套里加一件夹克更能有效地保暖。

3. 至于最外面的一件外套，用 Gore-tex 等材料制成的防雨、防风、透气的夹克是理想的选择。

4. 非常寒冷时，你可以考虑在裤子里面穿紧身裤，以此保持温暖舒适——丝绸或聚丙烯制成的紧身裤就很好。

5. 柔韧的裤子必不可少：采用吸湿涤纶面料的跑步紧身裤或运动长裤是不错的选择。你也可以买些防水的、带羊毛衬里的裤子，它们既可以保持干爽，也可以保暖。

6. 你可以从专卖店购买吸湿的聚丙烯和羊毛混纺的袜子，它们非常值得买。不过，别买太厚的袜子，不然穿了这袜子，就穿不下靴子了！

7. 你还需要防水、防风、弹性好的运动鞋。轻便的登山靴或越野跑鞋也可以。若是在鞋子方面有任何疑问，你可以咨询专业人士。

8. 最后，别忘了戴一顶有抓绒衬里的无檐帽，护住耳朵，戴上保暖手套，使双手保持温暖，围上一条羊毛或抓绒的围巾或围脖，让脖子温暖舒适。

去玩三角装袋游戏！

三角立柱曾用于英国高地地理位置的测绘，不过现在已被GPS（全球定位系统）所取代。你可能见过这些石头纪念碑，但不知道它们是什么。"三角装袋"活动（就是不管这些柱子在哪里，都要找到它们并逐一核对）将锻炼和成就感结合起来，是越来越流行的一种消遣方式。三角装袋玩家们很认真地对待这个爱好，追随着它踏遍全国各地，并了解那段历史。这些混凝土柱子像碉堡一样，几乎如鬼魅般地矗立在荒凉的山顶上。对于那些喜欢把户外体验作为目标并享受挑战的人来说，三角装袋正好满足心愿。英国有很多三角立柱，准确地说是 6 190 根，够让爱好者们忙的了。以下是帮你做好准备的注意事项。

1. 为自己设定一个在冬季找到立柱的数量目标。在合理 / 可达的距离内寻找立柱。了解立柱位置等信息后，考虑如何把寻找立柱与周末徒步相结合。

2. 可以的话，在手机上下载地形测量图，这对 GPS 定位跟踪很重要。有专门的三角装袋网站，它们会指引你找到那些应用程序，这些程序上特别标注了三角立柱的位置。如果在外面不容易上网（或根本无法上网），那么你必须有一张实体地形测量图。

3. 你可能得坐汽车或火车才能抵达那些立柱的所在地，但要尽可能地多徒步。

4. 做好遭遇各种天气的准备，因为方圆几英里内都是没有商店的偏远乡村。这意味着你得准备毛衣、防风和防雨的衣服、登山鞋，以及充足的食物和水。

参观城市农场

这项活动针对的是那些时间有限、预算紧张、没有户外空间但对动物充满热情的城市居民。你在很多都市的市区都可以找到城市农场，这些农场的确是供居民游览的好地方。那里常常养着各种动物，和去乡下游玩可能看到的动物类似。城市农场养的动物有马、山羊、绵羊，有时甚至会养骆驼等动物。很多农场设有志愿者培训工作坊，你可以在这里深入了解农场如何运作、如何照料饲养动物，并有机会靠近可爱的小兔子或哼哼唧唧的小猪。城市农场是近在咫尺的有着乡村风情的乐土。你在去之前需要考虑以下几件事。

1. 如果旨在做志愿者而不是游客，那么你得注意不能只在农场露个面。首先访问目标农场的网站，查看申请做志愿者的正确流程。成为志愿者几乎都需要经过申请。如果是做与动物打交道的工作，农场工作人员需要知道你是否有所准备。要有等待空缺的耐心，否则就去其他地方寻找适合的岗位。
2. 要考虑自己是否有任何动物过敏症。如果有，那么你仍然可以参观城市农场，但得和动物们保持距离。
3. 叠穿你不介意弄脏的、保暖的衣服，还有实用而舒适的鞋——雨靴最理想，因为雨靴如果蹭了泥，一擦就干净了。

参与营造生态穹顶

如果你对生态系统、减少化学和农药的使用这些事充满热情，那么你会发现生态穹顶很吸引人。简单地说，"生态穹顶"是一个培养动植物的自给自足的环境，一个与外界没有互动的空间。在这个大型的、通常是球形的超级温室里，植物和动物在一起自然地繁衍生息。生态穹顶，其实是生命的自我循环。

如果室外空间允许，你可以用一个特殊装备建造自己的迷你生态穹顶。这个目标有些雄心勃勃，不适合胆小或时间和财务预算都有限的人。如果愿意且能够为自己种一些没有化学混合物的食物，并为健康环境做点贡献，营造生态穹顶还是一件值得做的事情。没有这种可能性也无所谓——世界各地都有大型的生态穹顶供人参观，包括英国康沃尔的伊甸园项目。伊甸园项目是世界上最大的人工热带雨林，是生态再生和可持续发展的好样本。占地 30 英亩的伊甸园项目拥有令人叹为观止的花园，有雕塑、艺术和前沿建筑，也令人鼓舞地展示其可持续发展的生态环境。

滑雪橇

一些气象专家说，按照目前全球变暖的速度，在短短几十年内，我们习惯于在欧洲大多数冬天看到的降雪可能会完全停止。想到这一点，眼下看起来就是唱唱提振精神的雪橇歌曲的好时机了。如果没有足够的钱去度假滑雪，却渴望享受冰雪的乐趣，那么玩老式雪橇是一项极好的冬季减压娱乐活动。你可以买不同种类的雪橇或雪橇车，包括老式的、木制的和更现代些的、塑料的，做一些功课，看看什么尺寸和形状的雪橇最适合成年的你。下面几点需要牢记在心。

1. 如果有任何潜在的健康问题，包括骨质疏松症，那么滑雪橇之前得先咨询医生。

2. 在冰雪天气参与户外活动，穿上合适的衣服至关重要——如果可以的话，请戴上帽子、手套，穿上有防水性能的保暖裤和适合雪天的胶底靴。建议穿着保暖内衣和聚丙烯材质的多层衣物。戴束发带，别围围巾，因为围巾可能会被挂在沿途的树枝上，或掉在雪橇滑道下面。

3. 保护头部很重要，骑行用的头盔非常适合滑雪橇。

4. 一定要涂抹防晒霜、唇膏，戴上太阳镜。在冰雪环境中，阳光仍然会很强烈，而严寒会使你的嘴唇干燥。

5. 如果在远离家或咖啡馆的地方滑雪橇，那么要带一瓶热饮，并在背包里放些零食，这样滑完雪橇之后就可以吃吃喝喝了。

泡澡、水疗和桑拿

淋浴很棒，很环保，能很快让人恢复精力，通常是我们首选的清洁自己身体的方式。不过，好好泡个澡对健康也有许多好处，虽然水温太高会加重心脏负担，不过一次体验不错的蒸汽浴能更好地促进人体的氧气摄入，改善血液流动和肺功能，解决鼻塞，缓解关节或肌肉疼痛，并通过镇静神经系统来减轻炎症，缓解焦虑和压力。泡澡最起码能迫使我们放慢节奏，专注于当下，达到一种类似于冥想的状态。泡澡是一种简单的、全方位的身体康复体验。为了增强放松效果，你可以在水中加入浴盐或精油（见第 131 页）。把在浴缸里度过的时间当作一段自爱和自我关切的时间！

如果想拥有更具有戏剧性的体验，冬天的户外桑拿绝对令人兴奋。在斯堪的纳维亚文化里，在漫长而黑暗的冬天，"雪地桑拿"仪式最受欢迎，这是与家人和朋友一起放松的时刻。尽管雪地桑拿需要一点勇气，但身心都会受益。雪地桑拿的目的是在桑拿的过程中出汗，然后，当身体还热的时候在雪地里滚一滚，以便彻底清洁和去除角质。不过，你也不必通过极端方式获得这种冷热疗法的好处。如果预算充裕，你可以找最近的户外水疗酒店或服务场所，预订一次能让自己焕然一新的水疗体验。

自制美丽浴盐

你可以使用自己定制的芳香放松浴盐来提升泡澡的体验。浴盐制作简单，仅需盐、精油和小苏打这些材料。

1. 你需要一只玻璃罐容器（一只干净的果酱罐就可以了），一些粗盐、泻盐（即硫酸镁。——译注）、小苏打和精油。如果没有自己最喜欢的精油，可以先翻到第 131 页，了解更多关于精油的信息，试试自己喜欢的精油。

2. 为了获得天然食用色素，请收集冬季的玫瑰花瓣，将其单层铺在盘子中的纸巾上，用更多纸巾覆盖，然后放入微波炉中加热 45—60 秒，这样可以使花瓣干燥。将花瓣静置几分钟，使其冷却。

3. 在一只大的沙拉碗中，按 6 份粗海盐、3 份泻盐（这些盐可以舒缓肌肉疲劳、消炎）和 1 份小苏打（用于软化洗澡水并减少皮肤所受的刺激）的比例混合材料，再滴入几滴精油。

4. 现在轻搅玫瑰花瓣，把它们均匀地撒在前面准备好的盐油混合物中。你很快就能闻到美妙而清新的香味了。

5. 盖上容器并贴好标签，将其静置几个小时后，便可享用芳香的浴盐了！

庆祝冬至

冬季忧郁症已是千百年来很普遍的问题，知道这一点会令人感到些许安慰，但冬天昏暗的天色很难让人们有受到鼓舞的感觉。

在希腊神话中，珀耳塞福涅（宙斯的女儿）在冬季被放逐到冥界，莎士比亚写道："一个悲伤的故事最适合冬天。"不过冬至值得我们庆祝，因为冬至标志着夜长昼短的日子结束了，标志着我们开始奔向春天。在世界各地，冬至发生在 12 月的同一个 24 小时内。在北半球，它标志着一年中最短的白天，或者说最长的夜晚。太阳和北极在这一天相距最远。毫不奇怪，冬至（solstice）这个词源自拉丁语 solstium，意思是"太阳静止不动"。

冬至来临时，世界各地都有自己独特的传统庆祝方式，不过一致的是对自然力的深切敬意和对之后更明亮日子的共同欢呼。拥抱和接受这种不可避免的事情，是改善心理健康的第一步，如果我们通过向大自然致敬来度过这一天的话，就更是如此了。为鸟类简单地撒些种子，我们就回馈了野生动物。我们也可以用点烛仪式来庆祝太阳和日照更长、更明亮的日子来临；把一根未点燃的蜡烛放在一圈蜡烛的中心，点燃每一根蜡烛，把中心的"太阳"蜡烛留到最后。在这个仪式中，我们可以专注地感激所拥有的一切和地球奇妙的自然循环。我们还可以从当季的食材中获得灵感，比如芹菜、欧防风、南瓜、茴香和蔓越莓，以及大自然的超级香料——姜。

冬至姜饼

1100 年前后，十字军把生姜带到欧洲，自此生姜一直是欧洲传统的冬至调味品。美味的自制姜饼成为冬至这一天任何时候都可以享用的美妙佳肴。

制作 24 块姜饼所需的食材

- 225 克自发面粉、1 茶匙小苏打、2 汤匙姜和 1 茶匙混合香料
- 黄油丁、黑糖浆、黑糖和黄金糖浆各 100 克
- 1 只散养鸡蛋（打散）和 275 毫升全脂牛奶

制作方法

1. 将烤箱预热到 180 摄氏度或调至第 4 档，然后在一只 30 厘米 ×23 厘米的烤盘上铺上烘焙纸。
2. 在碗里搅拌面粉、小苏打、混合香料和生姜。
3. 用平底锅加热黄油、黑糖浆、黄金糖浆和糖，直到黄油融化。冷却一两分钟后，将混合物倒入第二步备好的混合原料中，加入打好的鸡蛋、牛奶，再用木勺将所有混合物搅拌均匀。
4. 倒入容器，烘烤约 35 分钟，或者烤至金黄色，摸起来有弹性。
5. 温热时搭配香草冰淇淋食用。剩下的姜饼可冷冻一周；用保鲜膜包紧装罐，可保存 3—4 天。

冰格里的鲜花

　　随着冬季最后月份的临近，还有什么比用本季可食用的野花制作一些令人惊叹的浪漫花朵冰块更好的方式来捕捉冬季的美景，并用美妙的感官享受来放纵自己呢？雏菊、三色堇、薰衣草和琉璃苣在冰块中显得鲜艳、精致、华丽，不但好看，而且实用：把漂亮的花朵冰块加入鸡尾酒或一杯清水里，可以得到真正的享受。

　　你需要一个硅胶冰块模具（选择冰格较大的模具，以获得最佳效果）、一些可食用鲜花（比如前面提到的那些，除此之外还可以寻找其他的本地鲜花，它们有可能更丰富）；如果你需要极其纯净的冰块，那么可以用经过蒸馏的凉开水。

制作方法

1. 采花，如果不是从自己的花园采摘的话，你得先确保获得许可。制作最理想的花朵冰块，需要混合不同颜色的种类，花瓣娇小的品种比较理想。

2. 切短花茎，每根茎保留的长度不超过 0.5 英寸。

3. 将水注入冰块模具，到四分之一的深度。

4. 把花正面朝下放在水里，再将模具放在冰箱的冷冻室。

5. 当水结冰时，取出模具并加水，这次加水深度为模具深度的一半。把模具放回冷冻室。

6. 和以前一样，当水结冰时，取出模具并将其装满，然后放回冷冻室。

7. 当托盘中的水全部结冰后，取出模具，把花朵冰块和饮料端给你自己、你的朋友们，或者，如果你觉得浪漫的话，端给你心爱的另一半。

组织冬季寻宝活动

　　冬天，鼓动自己和朋友或家人来到户外的一个好办法，就是组织一次自然寻宝活动，让"到户外去"成为一项使命！这种与童年密切相关的活动是一种非常令人舒适的游戏形式，它将游乐与锻炼结合在一起，能够提高思维敏捷性，最重要的是，能让我们置身于清新的冬季空气中。

如何安排活动

1. 首先，选择一个地方作为寻宝活动区域。它可以是你熟悉的地方，也可以是你彻底摸索清楚的地方。住所附近的公园或林地可以作为寻宝活动场地，在自己的花园里玩也可以。如果活动场地是公共花园，那么你可以邀请邻居一起参加寻宝活动，可以和邻居更熟络。请确保活动区域是允许进入的。

2. 随身携带笔记本，以备不时之需。记下每个隐藏的地方，尤其是每一个重要地标和空间形状。回家后上网搜索该地区的地图，有助于你画出活动区的地图。

3. 创造性地绘制活动地图，用彩色笔标明草地、花卉、林地、任何明显的建筑、长凳或雕像，然后写寻宝提示。这是寻宝活动中很有趣的环节，提示里可以出一些谜语，参与寻宝的玩家必须解开谜语才能找到宝藏。

4. 现在选择玩家要寻找的宝藏。它们可以是任何东西，从珠子或玻璃弹珠，到冬季树叶或安全的浆果之类的天然材料。小玩意儿更适合。把这些东西放在小小的塑料容器里，然后回到活动区，把它们藏在洞里，挂在树枝上，或者埋在地下。

5. 将寻宝地图和提示像卷轴一样卷起来，把它们发给参加活动的朋友们。

6. 查看天气预报，择日寻宝。避开下雨天，但在下雪天寻宝会给人一种非常神奇的感觉。

重新装饰房间

想在冬季心理健康宝库中增加其他内容吗？一些视觉技巧可以明显提振情绪，而从自然界汲取灵感可以保持你与自然界的联系。无论是通过房间里的色彩和肌理，还是通过电脑上的锁屏壁纸，用大自然最好的颜色和材料包围自己，都能让你感觉更加积极。

如果想动手实践，那么就把房间刷成大自然的颜色，这样既可以改变房间，也可以改变心情。如果住处空间小的话，你可以试着只画房间的一面墙，或只在一面墙上贴墙纸。想感受到春意，可以尝试浅叶绿色或天蓝色。如果想要夏天的颜色，就试试明黄色。对于秋天或冬天来说，黄褐色和金色显得温暖、舒适、大方。在冬季与大自然保持关联的最好方法，是从外面收集自然界的物件带回家。落叶、松果、木头和野花，都会给房间带来冬季的气息和景致。你可以让这些自然界的物件保持原来的样子，或者用喷漆、丝带和设计创造出新作品。即使你只喜欢简约的装饰，用自然之物点缀家居环境也会让生活空间变得不同；这些物品可以是搁板或壁炉上的一串常春藤、一盘闪闪发光的松果、让人愉快的七叶树果，或是厨房或卧室里由风铃草、三色堇、紫罗兰、仙客来、铁筷子等季节性花卉组成的插花。在一个看起来最暗淡的季节，即便不能随心所欲地外出，冬天的自然美景依然是值得寻找和庆祝的。

改变日常习惯

　　人是习惯的奴隶，我们会发现自己总保持着相同的老习惯、老规矩，日复一日，年复一年。这些日常习惯中有一些重要且健康，但也有一些其实是一种逃避自身感受的方式。下面是一些可以帮助你改变日常习惯的建议。

1. 给日常习惯列一份清单，其中包含肯定会提振情绪的习惯，比如阅读或烹饪，还有一些可能是像拐杖一样，一旦养成就离不开的习惯，比如喝酒、吸烟、盯着屏幕或刷社交媒体。

2. 考虑一下你怎样才能戒掉或减少这些有依赖性的习惯，找其他一些事来取代它们，或者花更多的时间去做让自己感到健康和快乐的事情。

3. 不要给自己压力，即使知道一种习惯不太健康，也不要强迫自己立即戒掉，否则可能会让焦虑和压力加剧。

4. 回想一下，有哪些习惯会让你在一段时间内持续感觉良好。用本书中介绍的一些活动取代情绪依赖型的习惯，比如没完没了地刷手机，这将会为你的情绪健康带来奇迹。

5. 记住，你可以把阅读等真正有价值的激情与在大自然中的时间相结合。漫步于公园或穿越树林时，有声读物和播客可以让你听到故事、新闻或喜剧。你只需要呼吸新鲜空气，走过树木和鲜花，或走在铺满带雪的冬日落叶的小路上，就可以享受到一种增进健康的体验。

6. 多想想哪些习惯是对自己有益的；关注你的身体，倾听自己的内心，它们会告诉你，有些事并不适合你。

滋养土地

要真正感受与自然相连，从而改善我们的心理健康，有一个简单的办法，那就是在冬天向大自然伸出援手。如果你幸运地拥有一座花园或大小适中的阳台，那么可以以此为起点。若是没有自己的室外空间，你仍然可以在亲朋好友的花园或本地的绿地里尽自己的一份力量。

堆肥是帮助自然的一个好方法。由有机物质形成的堆肥可以改善土壤结构，提高土壤保持水分及植物生长所需重要养分的能力。

堆肥

1. 你需要一个装堆肥的容器（一个底部有孔的塑料模制容器，或者一只木箱，如果不确定，则务必寻求专业建议）。将旧地毯碎片和堆肥混合，可以保存好氧细菌产生的热量，有效加快堆肥进程。

2. 你需要两种垃圾——像除下的草这样的"湿"垃圾和像落叶、干植物茎、木屑或稻草这样的"干"垃圾。请将干湿垃圾交替堆放。

3. 堆肥箱的位置务必在背风处，以防风把堆肥物料吹得冷却下来。

4. 把堆肥箱放在土壤上，好让蚯蚓钻进去帮助堆肥。在土壤和容器之间放一层鸡笼铁丝网，以防范害虫。

5. 堆肥过程可能需要长达一年的时间，不过如果堆肥的保温效果良好，并且还加了"堆肥剂"（可以在任何园艺中心或网店购买），那么堆肥速度将大大加快。

向自然伸出援手

不要太频繁地投喂野生动物（它们需要自力更生），但在冬季条件最恶劣的时候，人类一点点额外的帮助也很重要。有很多方法可以让野生动物在冬天的生活更轻松，这里介绍一些在自家或朋友的花园里很容易操作的方法。

1. 要想帮助鸟类，可以在外面撒或放一些种子或食物残渣，比如浆果，或者梨、苹果、李子之类的水果。
2. 刺猬在饿的时候喜欢吃一点狗粮或猫粮（不过要确保这些猫粮和狗粮里没有鱼类成分），而且偏爱吃切碎的熟鸡蛋。
3. 松鼠喜欢榛子和核桃，也会吃葵花子和美味的胡萝卜。
4. 对于所有野生动物来说，在需要的时候能够喝到水是很重要的，因为结冰会使自然水源无法获得。
5. 如果池塘结冰了，请打破冰面，这样池塘里的任何生物在必要时都可以逃离。
6. 及时清空喂鸟器、盒子和鸟用洗浴盆，并用热水、温和洗涤剂清洗。这有助于鸟儿们保持良好的卫生，保持最佳状态。
7. 即使你非常想修剪那些草本植物，也要等到春天（那些植物的花虽然已在秋天枯萎，但它们的根一年四季都活着）。没被修剪的植物可以为昆虫提供良好的庇护所。
8. 确保所有的网（比如网球网或足球网）都被清理掉，不留在地面，这样野生动物就不会被缠住或受伤。

冬日的记录

和在其他季节一样,在冬季拍摄户外照片,不仅提醒我们关注这个世界的美丽,也提醒我们这个世界对生命来说至关重要。野生动物、花草、雪、雨、太阳和风,以及最微小的生物……这一切都在努力保持地球的活力,提供富含维生素的食物,让我们的免疫系统保持健康。

我们必须关注并尊重自然,这样才能真正感受大自然给我们的礼物。我们的目标是学会热爱大自然每个季节独特的贡献,学会欣然接受雨水和阳光、寒冷和炎热。我们想要赞颂大自然那令人难以置信的进化调色板,并尽可能地把这些色彩融入自己的生活。

冬景拍摄可以从 11 月初持续到次年 2 月下旬至 3 月上旬,所拍的照片可以制作成一本冬季相册。尽量早起观看黎明破晓——在一个晴朗的早晨,太阳会透过光秃秃的树影闪耀出橙黄色。请寻找狐狸和松鼠,聆听鸟儿黎明时的合唱,为草地和树叶上霜冻的图案而惊叹。请仰望天空,当天空从清澈的蓝色变成了阴沉昏暗、风暴将至的模样时,抓拍天空颜色的变化。从雪滴花和猩红色的浆果,再到地面上墨绿色的常春藤和棕色叶子,请为你在冬天看到的这些颜色创造永恒的记忆。日记的目的是反映自身情绪在整个季节的变化,并提醒自己:个人的周期其实也映射着自然界的循环。

我们小时候读的书里满是雪地冒险的故事,这些故事也把我们带到神奇世界。但等到长大成人,我们常常会失去一些敬畏和兴奋。拍摄身边被白雪覆盖的自然空间——其中的树木闪闪发光,地面上形成冰雪图案——是出门呼吸寒冷空气的一个很好的由头;当脸颊冷得有些刺痛时,我们会为自己裹得暖暖和和而兴高采烈。

与一位朋友一起拍摄午后的景色吧。你也可以自己搞一个创意项目:建一座迷你冰屋,或堆一个雪人。你住的地方不一定每年都会下雪,所以一旦下雪,就要充分利用它!

拍摄雪景的注意事项

1. 尽量穿合适的衣服和鞋子。上装最好是使用人造面料的保暖衣物，外加防风外套、保暖手套和帽子。有弹力的运动紧身裤是理想的下装——别穿牛仔裤，因为牛仔裤一旦湿了就很难变干。

2. 在结冰的路上打滑和滑倒十分危险，所以出门穿的鞋很重要。你需要穿抓地力很好的鞋，徒步运动鞋的抓地力不错，步行靴更理想。请事先做做功课，找到最适合自己出门穿的鞋。

3. 尽可能地保持活动状态，这样你的心律能够让身体保持暖和。

4. 坐雪橇的时候，如果背部或关节不舒服，或者骨骼脆弱，那就得避开结冰的环境。在草地上踩着新下的雪也许感觉不错，但在湿滑的人行道上走路就会有压力——这与你对雪地照片的感受正好相反！

作者简介

埃米莉·托马斯

Emily Thomas

英国作家、图书编辑，其所著的小说《泥浆》曾入围卡内基文学奖长名单。埃米莉现居于伦敦布里克斯顿地区，没有宠物，有很多书。

绘者简介

詹姆斯·韦斯顿·刘易斯

James Weston Lewis

英国插画师，曾为多种图书绘制封面及插图，著有童书《伦敦大火》。他的作品将传统版画技法与数字媒介相结合，通过简洁的色块、丰富的肌理呈现出复杂多变的细节。

"天际线"丛书已出书目